"为渔民服务"系列丛书

全国农业职业技能培训教材

科技下乡技术用书

全国水产技术推广总站·组织编写

锦鲤养殖技术与经营管理

汪学杰　编著

海洋出版社

2017 年 · 北京

图书在版编目（CIP）数据

锦鲤养殖技术与经营管理/汪学杰编著. —北京：海洋出版社，2017.6
（为渔民服务系列丛书）
ISBN 978-7-5027-9797-3

Ⅰ.①锦… Ⅱ.①汪… Ⅲ.①锦鲤-鱼类养殖 Ⅳ.①S965.812

中国版本图书馆 CIP 数据核字（2017）第 129238 号

责任编辑：朱莉萍　杨　明
责任印制：赵麟苏

海洋出版社　　出版发行

http：//www.oceanpress.com.cn

北京市海淀区大慧寺路 8 号　邮编：100081
北京朝阳印刷厂有限责任公司印刷　　新华书店发行所经销
2017 年 6 月第 1 版　2017 年 6 月北京第 1 次印刷
开本：787mm×1092mm　1/16　印张：8.25　彩插：6
字数：113 千字　定价：45.00 元
发行部：62132549　邮购部：68038093　总编室：62114335
海洋版图书印、装错误可随时退换

图 1 红白锦鲤

图 2 大正三色

图 3 昭和三色

图 4 浅黄

1

图 5　白泻

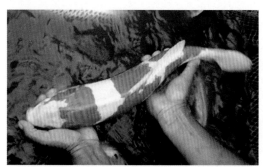

图 6　秋翠

图 7　孔雀

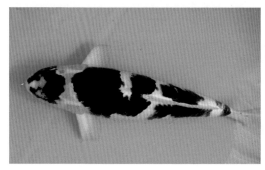

图 8　衣

图 9　黄金锦鲤

图 10　白金锦鲤

图 11　银鳞红白

图 12　丹顶红白

图 13　德系锦鲤之大正三色

图 14　黄茶鲤

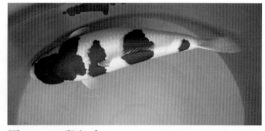

图 18　四段红白

图 15　长鳍锦鲤

图 19　优秀的大正三色

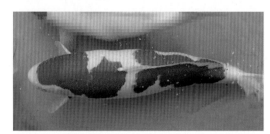

图 16　二段红白

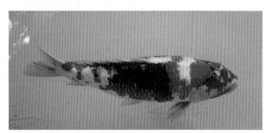

图 20　墨斑很重的昭和三色

图 17　三段红白

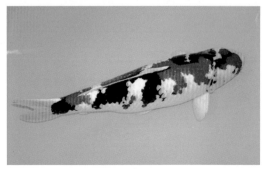

图 21　一流的昭和三色

4

图 22　绯泻

图 23　丹顶昭和幼鱼

图 24　锦鲤在网箱中繁殖

图 25　人工投饵

图 26　饲料机在投喂

图 27　池塘水色

图 28　中档锦鲤群

图 29　低档锦鲤零售摊档

图 30　低档锦鲤零售摊档特写

图 31　卖场的中档锦鲤

图 32　待售的高档红白锦鲤

图 33　广东番禺某锦鲤卖场局部图

图 34 三代虫患鱼

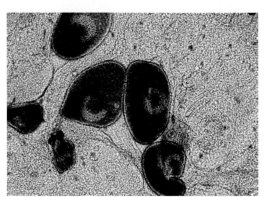

图 35 小瓜虫

图 36 洞穴病（烂肉病）患鱼

图 37 疱疹病毒患病锦鲤

图 38 疱疹病毒患鱼鳃部

图 39 赤皮病

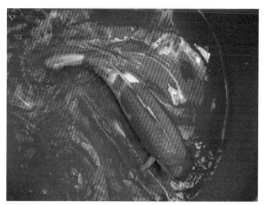

图 40 赤皮病（示尾柄前部症状）

图 41 患腹水症的白金锦鲤

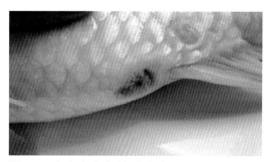

图 42 腹水症患鱼的泄殖孔

图 43 竖鳞病患鱼

图 44　细菌性烂鳃病患鱼

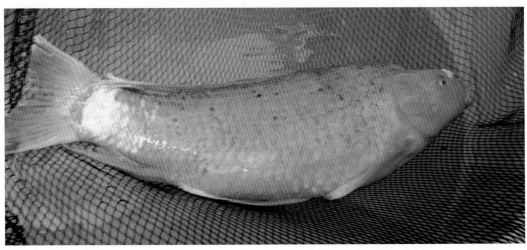

图 45　烂尾病患鱼

图 46　打印病病灶

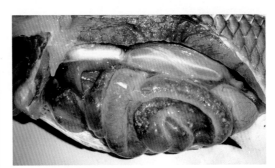

图 47　肠炎病症状

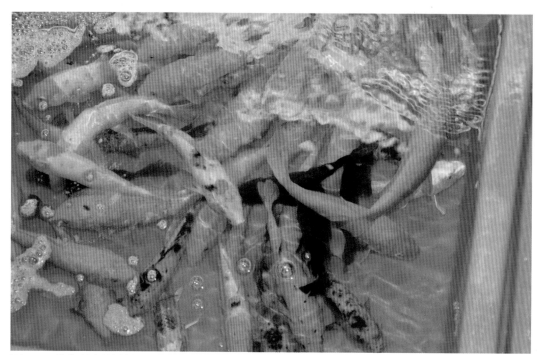

图 48　待售的低档锦鲤

图 49　市场上的中档锦鲤

图 50　卖场鱼池中的高档锦鲤

"为渔民服务" 系列丛书编委会

主　任：孙有恒

副主任：蒋宏斌　朱莉萍

主　编：朱莉萍　王虹人

编　委：（按姓氏笔画排序）

王　艳	王雅妮	毛洪顺	毛栽华
孔令杰	史建华	包海岩	任武成
刘　彤	刘学光	李同国	李　颖
张秋明	张镇海	陈焕根	范　伟
金广海	周遵春	孟和平	赵志英
贾　丽	柴　炎	晏　宏	黄丽莎
黄　健	龚珞军	符　云	斯烈钢
董济军	蒋　军	蔡引伟	潘　勇

前　　言

观赏鱼是人们为观赏、装饰和美化环境而养殖的鱼类。

观赏鱼产业的产生、发展和经济的发展密切相关的，它起源于经济繁荣的宋代，复兴于第二次世界大战后经济复苏的 20 世纪 50 年代，在我国其复兴始于上世纪 80 年代，几乎与改革开放带来的经济高速发展同步。

锦鲤是最早引进到我国的观赏鱼品种之一，也是世界上最重要的观赏鱼品种之一，被称为"水中活宝石"，它不但是一个影响力很大的观赏鱼品种，也代表着一种休闲文化。作为一种文化产品，锦鲤不仅仅是指这么一种色彩炫丽体态丰满的水生观赏动物，它还承载着技术、审美、文化、历史等内涵。自 1983 年香港的苏锷先生与广州市园林局花木公司合作创办"中国（广州）金涛企业有限公司"，建立锦鲤养殖场，锦鲤迈入中国内地的第一步算起，30 多年过去了。2016 年12 月，在广东顺德举行的"中国锦鲤三十年庆典"，象征着锦鲤产业在中国的发展达到了一个新的高度。

锦鲤适合中国人消费，能较好地满足中国人的休闲消费需求，能适应辽阔的中国大陆的各种气候条件，适应从微小的鱼缸到宽广的湖泊等各种规格的水体。因此，自从进入我国大陆以来，锦鲤的生产和消费一直在稳定而迅速的增长，到目前，锦鲤养殖场已超千家，消费者达数百万户，年产锦鲤商品鱼超十多亿尾，国内市场年交易额超过

20 亿元，与金鱼、热带观赏鱼鼎足而立成为观赏鱼产业的三大支柱。

随着我国经济迅速发展和国民生活水平不断提高，人们对休闲文化消费的需求越来越大，与此同时，人民居住条件日益改善，生活稳定，对锦鲤消费养殖起到了很强的拉动作用，我国锦鲤产业仍有很大的发展空间。

目前我国已成为锦鲤产销量第一大国，产销金额居日本之后位列世界第二，但是我们的核心生产力——种质资源及育种技术、优质锦鲤的生产技术还没有达到与之相匹配的水平，另外，鉴赏及消费性养殖知识普及程度偏低，一定程度上影响了锦鲤消费市场的扩展，延滞了产业的发展。

锦鲤产业是休闲渔业的一个重要组成部分，而休闲渔业是渔业的一部分。近几年来，我国渔业行业在经过改革开放以来的高速增长后，由于资源、技术、市场等因素，发展遭遇瓶颈，渔民增收陷入停滞，为此，渔业行政主管部门从"十二五"开始，就把"转方式调结构、推动产业转型升级"作为渔业行业一段时期内的基本方向和主要工作，把休闲渔业作为推动产业链延伸拓展的一个重要环节，并列入五大重点任务之一。因此，水产科研机构和水产技术推广部门，理应顺应行业发展的需要，将符合行业发展方向的技术产品拿出来，本书的出版，就是其中的一个微小的行动。

编撰本书的目的在于，一方面，期望通过对锦鲤的生物学基础知识、养殖繁育技术、病害防治等生产技术的介绍，帮助从业者提高锦鲤生产技术；第二，通过对相关生产案例的介绍和分析，为从业者根据自身条件进行生产层次定位提供参考；第三，通过普及鉴赏和养殖的知识经验，使消费者的欣赏水平得到一定程度的提高，使消费者了解在养殖锦鲤的过程中可能会遇到的问题，以及如何解决这些问题，进而使消费者从养玩锦鲤的过程中获得更多成功的喜悦，从而为产业奠定更加宽广而坚实的群众基础。

本书得到全国水产技术推广总站的认可，成为其组织编撰的"为渔民服务丛书"的一册，在此深表谢意！本书的编写得到了中国水产科学研究院珠江水产研究所、农业部休闲渔业重点实验室及广东省水产技术推广站的支持和帮助，得到了罗建仁研究员、潘志成先生、许品章先生、郑群佐先生、张庆年先生等锦鲤业界名人的大力支持，图片拍摄得到顺德长龙锦鲤养殖场、东莞百川锦鲤、广州锦彩苑等著名鱼场提供便利和帮助，在此一并表示衷心感谢。

因作者水平有限，管中窥豹不及万一，书中难免有疏漏、不妥甚至错误之处，恳请同行专家及读者批评指正。

编者

2017 年 3 月 11 日

目　　录

第一章
锦鲤与锦鲤产业简介

第一节　锦鲤的起源

　　据有关文献记载，在日本新潟县，由于地处山区，吃鱼不方便，所以当地农民自古就有稻田养鱼的习惯，养殖的品种主要是鲤鱼，在1804—1830年的日本文政时期，人们在稻田养殖的鲤鱼中发现颜色特别的鲤鱼，为防止野外鸟害侵袭，人们将这些特别的鲤鱼移养于房前屋后的水塘中，这些鱼就是锦鲤的祖先。

　　我国从20世纪80年代后期开始，对锦鲤的消费一直在稳步增长，这是因为，锦鲤在观赏鱼世界里特点鲜明，没有其他的鱼可以替代。锦鲤适温范围广，适应能力也比较强，而且最适合以俯瞰的方式欣赏，所以锦鲤是露天水池的最佳养殖对象，在许多地区甚至是唯一选择。正因为如此，市场对锦鲤的需求不会出现大的震荡。

　　对锦鲤起源目前还没有定论，据国内有关研究认为，日本锦鲤与中国红鲤鱼同源性很强，很有可能是同一起源，也就是说，锦鲤是日本从中国引进的红鲤鱼培育出来的。但日本有些理论并不认为锦鲤源于中国。

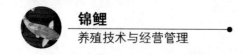

　　鲤原产于中亚地区，以此为中心逐渐向周边扩展，向北的欧洲、向东方的中国也渐渐有了鲤的分布，在中国更是在 2300 多年前就已经有了人工养殖鲤鱼，鲤再往东扩展到达日本，但是时间不能确定。所以，日本的鲤鱼与中国的鲤鱼同源是自然而然的，至于锦鲤是由野鲤还是红鲤选育而来，目前的研究还不能充分证明。"锦鲤"的称谓最早也是出现在中国的古籍当中，当时"锦鲤"指的是金色和红色的鲤鱼。

第二节　锦鲤的生物学习性

　　锦鲤属鲤形目鲤科鲤属鲤种，即同普通野鲤属同一物种。锦鲤体型和鲤鱼相似而肥满度明显大于后者，头比鲤鱼略大而圆，体微侧扁呈纺锤形，口角有须 2 对，体表覆盖鳞片，不同品系形态没有差别，只有色素分布以及鳞片表面的虹彩细胞的差异而造成的色泽不同作为区分品系的依据。

　　锦鲤适应在山塘、水库、池塘及人造水池中生活，习惯在水体中下层活动，性情温和，喜群游摄食，可摄食软体动物、水生昆虫、水蚯蚓、有机碎屑、谷物及人工饲料等。锦鲤对水温、水质等条件要求不严格，可适应 2～35℃ 的水温，最适水温为 20～30℃，能适应弱酸性至弱碱性水质，即 pH 值为 6.5～9.0，较理想的 pH 值为 7.5～8.5，对水的硬度要求不严格，但硬度过低（低于 50 毫克/升）会对其生长发育产生不良影响。锦鲤耐低氧的能力不及野鲤，比较容易浮头，其耐受极限尚无权威的数据，一般为安全起见，要求其养殖水体溶解氧浓度达到 5.0 毫克/升。

　　锦鲤的生长速度比较快（稍逊于四大家鱼），一般养殖条件下，当年鱼到年末可长到全长 25～35 厘米，体重 250～500 克（稀养的情况下第一年最大可达 50 厘米），第二年长度可增长十几厘米，体重达到 500～1 000 克。锦鲤的最大个体长度达到 120 厘米（体重 20 千克左右），最长寿命据说超过

100 年。

在相对自然的大水体条件下，锦鲤的性成熟年龄为雌性 2 冬龄，雄性 1~2 冬龄。初次性成熟的亲鱼体重一般在 500~600 克（广东地区 1 冬龄的雄性个体即可达到性成熟，而 2 冬龄的雌性最小成熟个体体重仅 300 克）。何时能达到初次性成熟主要取决于积温和营养。

第三节　锦鲤的主要品系

从最初的红白锦鲤在日本出现算起，锦鲤约有 200 年历史，从那以后，其他的锦鲤品种才相继出现，先是大正三色，然后是昭和三色等，到现在，人们通常将锦鲤分成 9 个或 13 个品系，主要代表有：红白系、大正三色系、昭和三色系、无花纹皮光鲤、花纹皮光鲤、泻鲤、别光、浅黄系、衣、丹顶、银鳞、德国系等。由于锦鲤只出现体色的分化，没有形态的分化，而且有些具有相同色彩特征的锦鲤可能有两个或多个的遗传途径，比如白泻可以由雌雄白泻繁殖而获得，也可以由昭和三色繁殖获得，还可以由白泻与昭和配种获得，甚至还有其他的途径，所以即使颜色的分化也不是稳定遗传的，因此不能把锦鲤按颜色分为品种，只能暂以品系称之。

一、红白

行话说：始于红白终于红白。红白是最早出现的锦鲤品系之一，是锦鲤的正统代表，也是最普及的锦鲤品种，它红色的斑块镶嵌在瓷器一般洁白的皮肤上，鲜艳夺目。按其斑块的数量和形态，又分为闪电红白、一条红、二段红白、三段红白、四段红白、鹿子红白等（见彩图 1）。

二、大正三色

它白底上浮现出红黑两色斑块，头部只有红斑而无黑斑，胸鳍上或具黑色条纹（而非块斑）。较名贵的大正三色有嘴唇具有小红斑的口红三色、头部具有银白色颗粒的富士三色等。大正三色因诞生于日本的大正时代（1912—1926 年）而得名，迄今约有 100 年的历史（见彩图 2）。

三、昭和三色

昭和三色与大正三色一样，体表有红白黑三种颜色，它们也很容易区分：昭和头部有墨斑，大正没有；昭和的墨斑是大块的，大正的墨斑是小块或点状的；昭和的墨斑是从真皮层向表皮延伸的，可以看到皮肤深层（即真皮层）的墨斑透过表皮而呈现灰色的印记，大正的墨斑是浮现与表皮上的。昭和胸鳍基部有块状黑斑，而大正的胸鳍要么没墨斑，要么有黑色条纹。因诞生于日本的昭和时代（1926—1989 年）而得名，实际诞生年代是 1930 年前后，迄今不足 100 年（见彩图 3）。

四、浅黄

背部蓝色，每片鳞的外缘为白色，使背部看上去有清晰的网纹，头顶淡蓝色或浅黄色，面颊和腹部为红色。据说是最原始的锦鲤，很多品种的来源与它有关（见彩图 4）。

五、泻（或称写）鲤

像中国传统的水墨画，白底黑斑块的鲤称为白泻，黄底黑斑块的称为黄泻，红底黑斑块的称为绯泻。其中白泻最常见，也最受欢迎。白泻墨斑与昭和三色一样，所以有时昭和三色的后代里面也有白泻（见彩图 5）。

六、别光

与泻（写）鲤类似，体表有黑色和另外一种颜色，黑色斑纹比泻鲤的相对较小，而且黑斑是在表皮上的，不上头，其黑斑纹与大正三色同源同质。实际上在大正三色的后代中常常会出现一些别光类。别光按底色分为三种：白别光为白底黑斑，黄别光为黄底黑斑，赤别光为红底黑斑。

七、花纹皮光鲤

所谓皮光鲤是指体表光泽度明显高于普通鱼类的锦鲤，而花纹皮光鲤是体表有不少于两种颜色（鳞片边缘颜色使鱼体形成网纹不属此类），一般是由泻鲤系以外的锦鲤与黄金锦鲤近缘杂交产生的后代，其中有很多著名的分支品系，包括秋翠、大和锦、锦水、菊水、贴分、孔雀黄金、红孔雀等。

秋翠（见彩图6），浅黄与德国镜鲤（全身仅背鳍基两侧有鳞片或侧线还有一排鳞片的鲤鱼）杂交的后代，其特征是全身仅背鳍基两侧有细小的鳞片，其余部分裸露，头部及背部白色透着轻微的蓝色，鼻尖、面颊、体侧及鱼鳍基部都有红斑点缀。较闻名的有花秋翠、绯秋翠等。

孔雀（见彩图7），这是在中国最受欢迎的品种之一，前面已经介绍，孔雀是花纹皮光鲤的一种，是花纹皮光鲤中的秋翠与金松叶或者贴分杂交产生的，而该鱼的外观几乎是浅黄的基础上加了一些红色斑块。

八、衣

衣者，衣服也。是指在原色彩的基础上再穿上一层漂亮外衣的那些锦鲤（见彩图8），最具代表性的是红白与浅黄的交配后代——蓝衣。该鱼底色为白色，红斑块中的一部分鳞片的后缘呈蓝色，在这一片区域组成网状纹；墨衣，在红白的红斑上再浮现出黑色斑纹。另外，大正三色与浅黄杂交产生衣

三色，昭和三色与浅黄杂交产生衣昭和。

九、无花纹皮光鲤

光泽度比较高而没有花纹的锦鲤。简单地说，单色锦鲤，但是不包括墨鲤。虽然没有花纹，但是可以有鳞片边缘的异色构成的网纹，最具代表的是黄金锦鲤（见彩图9）和白金锦鲤（见彩图10）。

十、光泻

是泻鲤和黄金鲤交配所产生的后代，以金昭和、银昭和、银白泻、德国光泻等几个小分支品系。

十一、金银鳞

是指身上具有闪闪发光（金属般闪亮）的金色或银色鳞片的锦鲤。实际上金银鳞并不是独立的品系，因为很多品系中含有金银鳞的分支，比如有银鳞红白（见彩图11）、银鳞三色、银鳞昭和、银鳞白泻、银鳞黄金等。

十二、丹顶

额头部位有一块红斑的锦鲤，称为丹顶，由于和日本国旗相似，丹顶在日本很受欢迎。而在中国，因为"鸿运当头"的美好寓意，同样也广受喜爱。严格地说，丹顶也不应该算作独立的品系，它们应该是在相应的品系里设相应的分支，比如丹顶红白、丹顶三色等。如果一尾锦鲤仅以"丹顶"命名，那么这尾鱼必定是全身白色，除头部的圆形红斑之外没有其他任何色斑的（见彩图12）。

十三、德系锦鲤

最初由德国镜鲤与日本锦鲤杂交，再由此杂交子代进行近亲交配，经选育而获得有锦鲤体色而又几乎无鳞的鲤鱼。德系锦鲤有红白、大正、泻、九纹龙等体色类型，有的在品系分类上并不将其单列为一个品系，而是将它们纳入相应体色代表的品系。但是从生物学角度看，德系锦鲤与其他锦鲤有形态差异，而其他锦鲤之间只有体色差异，因此完全应该成为单独的支系。彩图 13 所示为德系大正三色锦鲤。

十四、变种鲤

各种体色特殊的锦鲤的合称，只要是不能归入上述十三个品系的锦鲤，通常都称之为变种鲤，变种鲤之间不一定有遗传上的联系，不是一个品系。茶鲤是著名的变种鲤（见彩图 14）。

十五、长鳍锦鲤

长鳍锦鲤又称龙凤锦鲤或凤鲤，它不属于日本锦鲤的任何品系，应该可以独立于日本锦鲤之外成为一个独立的品种，但又与日本锦鲤有着牵扯不清的渊源。不过，长鳍锦鲤也可以算是中国锦鲤的一分子，它是用我国广西壮族自治区的长鳍鲤与日本锦鲤杂交，再经过近交、回交等育种方式多代培育而获得的观赏鲤新品种。该品种的主要特征是鳍很长，特别是胸鳍和尾鳍，胸鳍长而宽，可长达尾柄后部，尾鳍长度可达躯干长度的 1/2，躯干形态与日本锦鲤相似，体色对应日本锦鲤各主要品系。但是，复色的个体几乎没有在色斑模样方面能达到日本锦鲤 A 级鱼标准的，颜色界线往往不够清晰（见彩图 15）。

第四节　锦鲤的质量判别和等级划分

锦鲤的质量对其价值有决定性的影响，如何判断锦鲤质量是锦鲤养殖者

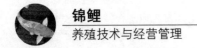

的必修课，也是锦鲤等级划分的技术基础。没有起码的质量判断能力，就不可能生产出优质的锦鲤，无法买到"性价比"高的锦鲤，也无法与锦鲤生产者及消费者交流，甚至可能贻笑大方。

判断锦鲤质量的能力又称为鉴赏力，初级的鉴赏力比较容易掌握，而裁判级的高超的鉴赏力则需要不但掌握锦鲤鉴赏的知识，还要有长期积累的实践经验。

一、质量判别的依据

一般而言，锦鲤鉴赏和竞赛从以下 4 个方面着手，即：体形、泳姿、色泽、模样。锦鲤养殖者在鱼苗鱼种选别、后备亲鱼挑选、商品锦鲤上市前，都要对锦鲤进行质量判断和分级，虽然各阶段的要求并不完全一样，但都是以鉴赏的 4 个方面为基础的。

而在锦鲤定价、买卖过程中，还要考虑潜在的质量因素，包括血统、生长潜力等。

1. 体形

成年锦鲤（一般指全长 60 厘米以上，鱼龄至少 3 年）以健硕的体形为美。健硕与肥胖不同，健硕的锦鲤应该是头部比较圆，尾柄比较粗，躯干粗大，体围最大的地方在胸鳍与腹鳍之间，后腹部不应该有大肚腩，后腹部向尾柄过渡平缓而不应猛然收细。从鲤背俯瞰，以胸鳍与腹鳍之间最宽，头部眼睛部位的宽度比身体最大宽度略小。

体形最基本的要求是脊柱笔直，静态俯瞰左右对称。

体形还包括胸鳍的形态，要左右对称，胸鳍大小与身体大小比例正常或略大于正常比例，整个胸鳍轮廓较圆润，胸鳍基部够大，够有力。

成年锦鲤的体形有雌雄差别，雌性更丰满，同样长度雌鱼比雄鱼更重，体高更大，而且雌鱼后腹部较为膨大。20 年前在日本参加比赛的几乎都是雌鱼，这是因为雌鱼更丰满，符合当时日本锦鲤美学价值观，后来风气有所改变，对锦鲤的审美观有一些微小的变化，有可能是因为日本锦鲤业者开始认识到肥胖和健壮的差别吧。

锦鲤幼鱼体形雌雄差别不明显，也没有成鱼那么丰满，比成鱼更为侧扁，这是它的生长规律，幼鱼的体形要求肥瘦适度，从侧面看体高比野鲤大，头比野鲤大，没有驼背或者向后突然收窄，俯瞰头部与躯干中部几乎同宽。

在日本锦鲤业内通常认为，体形是锦鲤品质的第一要素，百分制的评分中，体形有时占到 40 分。

2. 泳姿

锦鲤应该是雍容华贵的，泳姿应该反映这样的气质，所以好的锦鲤游泳时应该是从容、稳健、缓急得体的。泳姿也能反映一条鱼身体是否对称，体轴直不直，是否健康，等等。

3. 色泽

好的锦鲤应该色泽浓郁、均匀，不同颜色之间分界明显，即切边清楚，没有 2 种颜色之间的过渡带或中间色。另外，好的锦鲤应该皮肤有光泽，有晶莹润泽的视觉效果。

4. 模样

指色块的形态和分布，不同品系有不同的要求，比如红白锦鲤的一头二肩三尾结、红不过腹等。在锦鲤评比中，模样尽管只占 20 分，但却往往是较量的中心，既考校鱼又考校评判者，因为对于高品质的锦鲤而言，前面 3 项几乎没有什么差别，都可以说没有什么缺陷，但是模样则没有 2 条鱼是相同

的，也没有哪条鱼是完美的。

5. 血统

血统是指一条鱼的遗传路径，它关系到遗传基因的质量。在日本，正规的锦鲤场都建有系谱，可以追溯每条鱼的上 3 代，通过系谱可以了解到一条锦鲤的祖先有什么特别之处、有何荣耀历史、这条鱼的基因纯度以及这条鱼和其他的鱼是否有血缘关系等。在我国建立系谱的鱼场还很少，人们所谈的血统往往只在意一尾鱼是日本原种还是日本锦鲤在中国繁殖的若干代。虽然这对鱼的评比没什么影响，但是会影响鱼的价值，因为日本锦鲤在中国逐代退化的情况还没有得到很好的解决。

6. 生长潜力

大锦鲤比小锦鲤价值高得多，一尾锦鲤如果长到 80 厘米以上，即便品质一般，价值也可过万元，而那些被称为"土炮"的锦鲤，往往难以长到 60 厘米以上。因此，对于一尾 50 厘米以下的锦鲤，生长潜力非常重要。

生长潜力可以从血统和外形两方面进行推断。血统方面，由于锦鲤在中国存在逐代退化、小型化的情况，多代的锦鲤一般生长潜力差些。

外形方面，如果一尾小锦鲤长得体型像成鱼，外形明显早熟，生长潜力肯定不大。此外，对于外形没有显现早熟迹象的鱼，骨骼粗大的一般生长潜力好些，而骨骼是否粗大，一般看尾柄是否较粗、头板（额头，亦即两眼之间的额骨）是否较宽而平。

二、不同品系的质量要求

就质量要求的 4 个方面而言，不论什么品系，体形和泳姿两方面的要求是一致的，因品种而异的是色泽和模样。

1. 红白

不论是白底还是红斑都要色质浓厚，不能透出皮下肌肉的颜色，红斑也不能浓淡不均，红斑和白底之间要界线清晰，如同在白纸上贴了一张厚厚的红纸一样，没有过渡色，皮肤表面要有正常的油亮光泽。

所谓"模样"是指斑纹的形态和分布。红白锦鲤有很多小品系（见彩图16、彩图17、彩图18），正是根据模样来划分的，但是不论哪个小品系，模样方面有共同要求：红斑不过腹（以侧线为界）、头、肩（胸鳍上方的背部）、尾柄必须有红斑（可以连在一起）。具体一点讲，头部必须有红斑，而这块红斑向下延伸覆盖的范围不要超过眼的下缘，向前以眼为基点弧形覆盖。肩部红斑两边要有缺口，俯看不能完全充满。背鳍后部至尾鳍之间（比生物学上所述的尾柄范围大些）这个部位要有红斑，但不能完全充满。

2. 大正三色

这个品种相当于在红白的基础上再加上黑斑，所以大正三色实际上是以白色为底，红斑为主要色斑，黑斑为次要色斑的，底色及红斑的要求与红白锦鲤是一样的，而其黑斑，要求墨质浓厚、边界清晰，黑斑的面积不要太大，也不能太小而变成点，分布在鳃盖后的背部，直接浮现在白底之上，或者出现在红斑中间，或者紧贴红斑都可以。彩图19所示为品质优秀的大正三色锦鲤。

3. 昭和三色

在锦鲤品质评定中，昭和三色是最难的一个品系，这一向得到锦鲤评判界的公认。究其原因，是因为昭和三色变化太多，很难给出一个数字化的标准，甚至给出一个明确的文字化的标准都很困难。因而，成为一个昭和锦鲤

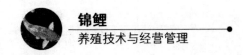
评判的大师，往往需要多年的经验积累，往往是多年来被证明和以往成名的锦鲤评判大师观点高度接近，才会被接纳为新的评判大师。尽管这种锦鲤的评判很难，但并不意味着毫无规律可循。

日本的业内人士认为，昭和三色是黑色底上面有白色和红色的斑纹，它和大正三色的差别绝对不仅仅是墨斑的大小以及上头不上头的问题，尽管墨斑可以比白斑更大、也可以比白斑小，这都不是决定性的，关键是色斑的质地及模样。

就色质而言，红色及白色的质地要求与红白品种、大正三色品种是一致的，就是色质浓厚、没有过渡色、没有透色。但是，黑色斑块也就是墨斑，要求不一样，墨斑主体部分自然是越浓郁越好，但在墨斑的边缘，可以有交界过渡的色质表现，就是墨质从真皮层透出来，该位置的表皮却是白色色斑或者红色色斑的一部分，有这样的过渡色是很正常的，因为昭和锦鲤的黑色素细胞植根于真皮层，而白色和红色的色素都是分布在表皮的，灰色的墨质过渡状态反映了墨质发展的潜力。这些从真皮层投射出来的黑色素细胞，将不断发育、向表皮扩张，将来这片区域将最终成为墨斑，所以往往3鱼龄之前的昭和锦鲤身上都会有大片的"灰色地带"，这代表着这一尾昭和墨质的发展潜力。同时，也表明这尾昭和的墨质是有真皮层的黑色素基础的，这种墨质将来一定比大正三色的墨质更稳定。昭和三色的墨质发育过程很长，有个别的到七八岁鱼龄还有新的墨质从真皮层发育到表皮层。

对于昭和三色来说，模样方面的要求很难像昭和或者红白那样明确，一般而言，红斑当然也是不过腹为好，前中后分布相对比较平衡为好，但是向前越过了眼部也完全不成问题。白质部分的模样无法描述，可以将它理解为红斑与墨斑留下的空隙，而墨斑，好的昭和应该有大片的墨斑，形态不可以太工整，身体前后墨斑的分布不能太过失衡，全身的墨斑全部相连没有关系，这样似乎更符合日本人对昭和三色的定义。彩图20和彩图21均为品质优秀的昭和三色锦鲤。

4. 浅黄

身体的颜色浅蓝、浅黄、浅咖、深蓝都可以，色质要均匀，鳞片边缘白色，构成的网纹要清晰，胸鳍基部（甚至整个胸鳍）、背鳍基部、尾鳍基部、面颊及身体两侧红色，色质均匀而且浓郁最好。

5. 泻鲤

白泻要底色洁白、凝实，墨质要浓厚，但是墨斑的边缘有一些正在从真皮层浮现的墨质也是允许的。要有大块的墨，头部要有墨斑、肩部也要有墨斑才会，尾柄要有墨斑——称为尾结。

绯泻的底色要色质均匀、浓厚，墨斑色质的要求与白泻一样（见彩图22）。

6. 无花纹皮光鲤

我国较常见的品种是黄金锦鲤和白金锦鲤，这些品种在日本还细分为松叶黄金、山吹黄金、绯黄金、白金黄金等，我国通常不会这样细分。

一般而言，无花纹皮光鲤要求色质均匀、浓厚，反光度高，胸鳍与身体的颜色一致，背部与腹部的颜色几乎一样。我国黄金锦鲤常常出现腹部接近白色的个体，这属于质量缺陷，挑选时要特别注意。

7. 花纹皮光鲤

从评判标准来说，一方面，要求花纹皮光鲤的反光度要高；另一方面，底色要浓厚，色斑要质地浓厚，边缘与底色界线清楚，分布相对均衡。以孔雀为例，底色要具备"浅黄"品种的特征，红色色斑越浓越好，边缘要清

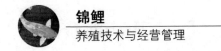

晰，头部、肩部、背鳍基部都有红斑分布（可以相连），尾柄还要有小块的色斑，这样就比较理想了。

8. 丹顶

丹顶品系中有好多个小品种，包括丹顶红白、丹顶大正、丹顶昭和等，其质量判别当然会有具体的差异，限于篇幅，无法一一详述。概括地说，除了所有锦鲤共同遵循的两点要求，即体形和泳姿（姿态）之外，色泽和模样方面，就是看头部的红斑和躯干两部分。红斑要圆、正、大，所谓圆，当然不可能像圆规画的那样圆，但是越接近圆形越好，越对称越好；正，就是位置正好在头顶正中间，左右对称，前后则以横向中心线与鼻孔和头骨后缘（无鳞处）的平分线重叠为好；大，左右到达眼眶，前部到达鼻孔，后部到达头骨后缘就足够大了。除了丹顶红白之外，其他丹顶品种，躯干部分要符合相应品种的要求，比如丹顶昭和，躯干部分就按昭和的要求。对于三色类丹顶来说，有一点特殊，就是红斑方面的要求有点特别，它们的丹顶可以是全身唯一的红斑，也可以在躯干上还带有大块的红斑（见彩图23）。

三、等级划分

等级划分以质量判别为依据，具体执行方法在不同阶段、不同品系品种、不同国家甚至不同企业，锦鲤等级划分不完全一样。

1. 我国和日本的锦鲤分级之异同

先从大的说，世界上主要生产锦鲤的国家和地区有日本、中国、马来西亚、新加坡、以色列、中国香港、中国台湾等，日本是锦鲤的创始国，其他国家和地区锦鲤的分级多参考日本，但与日本并不完全一样。我国锦鲤的分级以日本的锦鲤鉴赏标准为依据，但是和日本的分级规则有很大的差异，就商品锦鲤而言，我国一般分 A、B、C 三级，A 级当中还会把精品另外挑出来；而日本的商品锦鲤一般只分 A、B 两级，A 级当中另外挑出珍品和极品。用比较通俗的说法，我国的商品锦鲤有高、中、低三个档次，高档的是千元以上级的，中档的是百元级的，低档的单价不超过两位数，在行家眼中其质量低劣，根本不应成为商品。在日本，一般不会把低档的锦鲤养成商品鱼，所以商品锦鲤中只有优质品和普通品，没有低档品。

2. 不同阶段分级的差别

越小的个体越难观察辨别，而且锦鲤的色泽、模样都会随生长而发生渐变，越长大优质品率越低，所以苗种阶段分级往往不是太精细。在我国，中档以上锦鲤的生产场，其锦鲤的分级采用这样的规则：第一次挑选，称为选别，也就是分成留养和淘汰两类，一般是平均体长 3 厘米的阶段，这一阶段一般是把畸形的、伤残的、色泽表现完全没有成材希望的个体予以淘汰。选鱼技术高超的、专门生产高档锦鲤的鱼场在这一阶段就会淘汰 80%～90% 的鱼苗，而生产中档锦鲤的鱼场大约会淘汰 50% 的鱼苗。

第二次挑选，一般是在孵化后大约 2 个月，体长 5～6 厘米的时候进行，不同鱼场的要求还不太一样，有的像第一次挑选那样，只分保留和淘汰两类，有的则分合格、未定、淘汰三个类别。由于个体长大了一些，比第一次挑选时更容易观察，第一次挑选留下的鱼这时也发生了分化，多数品种色泽模样的表现也比较容易看出发育趋势，所以这一阶段的挑选会更精细一些、准确一些。国内有些锦鲤场不做第二次挑选，有的是因为第一次挑选直接挑出了优质品，有的是因为对产品质量期望不高，以生产中低档锦鲤为主。

第三次挑选，在孵化后 3～6 个月，秋季末，体长 10～20 厘米的时候进行，具体时间因当地气候而异，挑选时的规格因养殖场而异。在我国，多数锦鲤场此时都结合冬季并塘或转塘，对不同质量的锦鲤进行归类处理。一般

是分为三个等级，质量最好的，通常留下来继续养殖，这一类一般占总数的10%~20%，个别鱼场只留5%左右。未达到留养标准的鱼，准备上市出售，又分成两个等级。这一次选鱼，主要是看色泽和模样，因为通常同一个鱼场同批次的鱼，经过了两次挑选，在体形和姿态方面几乎没有明显差别，除非是后来发生了伤病或者之前未显现的畸形，而色泽和模样，此时应该基本表现出来。

3. 不同品系品种分级的差别

首先单色的和复色的锦鲤，分级或者挑选的方法显然是不一样的，由于没有色斑，对单色锦鲤我们通常只能比较体形、姿态（泳姿），同批次的鱼还可以比较生长速度，而实际上体形和姿态的个体差异是极其不明显的，很难比较。所以，在我国，多数时候、多数鱼场，单色鱼只分合格和不合格两类而已，除非挑选亲鱼，才会仔仔细细挑一些体形、色质、生长速度最佳的个体。

复色锦鲤不同品系之间分级的具体规则往往因品系而已，红白、大正三色各有一套标准，而昭和三色与它们的标准差别更大，不但具体分级注重的体征指标不一样，挑选的时间也不一样，昭和三色刚开始水平游泳就要选第一次。至于泻鲤、花纹皮光鲤等，分级规则各有不同，暂不详述。

第五节　我国的锦鲤产业

一、我国锦鲤产业的现状

目前，世界上生产锦鲤的国家（地区）主要在亚洲，其市场规模及综合影响力依次为日本、中国、中国台湾、中国香港、马来西亚、泰国、新加坡等。

据行业内权威人士分析评估，日本每年锦鲤及相关产业的市场规模达到120亿元人民币，中国大约40亿元，其中广东大约占国内产出的60%，即25亿元左右。

我国锦鲤目前以内销为主，出口还不到国内总产量的10%。我国的锦鲤市场主要集中在经济比较发达的地区，如广东、北京、上海、浙江、江苏、香港。

广东的锦鲤生产场90%都在珠江三角洲地区（包括广州），我国的锦鲤养殖是20世纪80年代中后期从广州开始的，有名可考的第一家锦鲤公司是"金涛锦鲤有限公司"，之后不断出现锦鲤养殖场和公司，并且逐渐向珠江三角洲扩散，从顺德、南海，到江门、中山、东莞乃至整个珠江三角洲：顺德2009年有专业锦鲤养殖场100多家，专业锦鲤养殖面积超过2 000亩①；佛山市南海区主产热带观赏鱼，但也有十多家知名的锦鲤场，养殖面积超过1 000亩，中山市2009年锦鲤养殖面积超过3 000亩，专业养殖场80多家，东莞有知名锦鲤企业14家，2009年养殖面积已超过1 000亩；江门市锦鲤产业起步比较早，地方政府比较重视，2009年获得了中国渔业协会授予的"中国锦鲤之乡"的称号，2012年度，该市锦鲤养殖面积达到10 800亩，有较大的锦鲤养殖企业25家，全市年产商品锦鲤1 500万尾，年产值1.8亿元。根据江门市有关部门考察认为，2011年中山市的锦鲤养殖总规模已经超过江门。广州的锦鲤养殖场主要分布在番禺、从化、白云、花都四个区，总面积超过2 000亩，总产值超亿元。

根据有关部门提供的数据，到2014年，珠江三角洲地区锦鲤养殖面积已接近3万亩，产值超过15亿元。

---

① 亩为非法定计量单位，1亩≈666.67平方米。

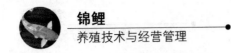
　　我国锦鲤产业存在追求数量、质量不高的状况。在我国地摊销售的锦鲤大多数质量低下，在日本属于不能上市销售的次品。我国市场上锦鲤分高中低不同档次，低档基本是指日本的次品级一类，在日本是不会上市销售的；而中档相当于日本的三级产品，高档则相当于日本锦鲤一二级。目前市场格局是高档产品供应量少，还不能满足需求；中档产品还有比较大的市场空间；低档产品供需大致相当，前景不看好。

　　我国多数锦鲤养殖场规模小，养殖技术不够专业，研究投入不足，特别是在种质复壮技术方面的投入几乎没有，对产品质量的改善有心无力，因此多数只能生产低档产品。资金雄厚的锦鲤养殖场通常以生产高档锦鲤为目标，但技术上只能借鉴于日本，对于如何把引进的先进技术与本地气候水土环境相结合还没有充分的把握。另外，在种质资源方面，对日本原种存在很强的依赖性，因此维持产品质量的难度较大，质量成本较高。

　　我国锦鲤质量方面存在体型短小化，成熟低龄化的问题，有些鱼到30厘米以上就出现体形的"老态"，40厘米以上生长速度就明显下降，50厘米以上生长几乎停滞，因此我国的锦鲤多数是在40厘米以下上市的，市场价值比大规格锦鲤低很多。

二、我国锦鲤产业的前景

　　我国锦鲤产业前景光明，但是发展过程中可能会有曲折。

　　我国终将成为世界上最大的锦鲤市场，锦鲤市场有巨大的发展潜力。我国目前锦鲤消费主要集中在珠江三角洲、北京、天津、上海等中心城市和部分经济发达地区，浙江、江苏、山东这些富裕省份以及一些省会城市锦鲤消费也刚刚起步，数百个中等城市锦鲤的消费只有零星的消费客户，所以从覆盖人群的数量看，仅全国人口的1/10左右，发展的空间巨大。

　　锦鲤适合中国人消费，能较好地满足中国人的消费需求。首先，锦鲤是最适合户外养殖的观赏鱼，在我国尤其如此。在我国大部分地区，热带鱼在户外无法越冬，户外能够养殖的观赏鱼仅有锦鲤和金鱼，但是金鱼在户外养殖容易遭受病害、鸟类及温差的侵袭，只适合养殖在小型水体中，往往用盆、缸、桶来养殖，不利于构建庭院景观，故仍是在室内养殖为主，因此，锦鲤几乎是唯一适合在我国庭院水池养殖的观赏鱼。

按照中国传统文化，住宅门向南，门前为庭院，庭院布局迎合左青龙右白虎的格局，而所谓青龙，就是水，因此讲究风水堪舆，或者讲究环境美观的房屋主人，会在庭院左侧建水池，而水池内如果不养鱼，会滋生蓝藻、蚊虫，产生臭味，不但不美化环境，还破坏环境、破坏风水格局，而水池中养什么鱼，这还要看当地的文化习惯及房主的需要。在南方某些农村，庭院水池可能被用来暂养食用鱼，而城市居民以及中产阶层的庭院水池，养殖对象只有锦鲤。随着我国人民生活水平的提高，居住条件日益改善，越来越多的家庭将会用于庭院水池，因此锦鲤消费市场潜力巨大。

另外，在中国传统文化中，还有一些其他元素加深了国人对锦鲤的喜爱，"鲤鱼跳龙门"代表着奋发向上的精神，国人认为鲤鱼是高贵的龙的后代，锦鲤的主要色彩——红色和金黄色分别代表着活力和财富。由于锦鲤在很多方面迎合了国人的精神需求，使国人对锦鲤钟爱有加，很多没有庭院的家庭也克服条件局限，采取多种办法养殖锦鲤，比如公寓住宅的阳台，还要室内的玻璃鱼缸。据估算，国内有20%左右的家庭鱼缸养殖的是锦鲤而不是它本来应该养的热带鱼。

潜力巨大的国内市场，将是我国锦鲤的主要市场，但这并不表示中国的锦鲤在国际上就没有市场。事实上，我国生产的锦鲤近十多年来已经走出国门，进入国际市场。我国锦鲤产品质量与日本相比还有一定的差距，同规格产品的单价只有日本锦鲤的1/10左右，这是我国锦鲤出口额远远不及日本的主要原因，但是这同时也是一个有利的因素，较低的价格有利于打开市场，

特别是短期内（预计二三十年内），多数锦鲤输入国的锦鲤消费者对锦鲤的品质要求不高，主要需求是中低档产品，而这方面正是我国锦鲤产品的优势所在。

当然，我国锦鲤产业的发展未必就会一帆风顺，有些因素可能会给锦鲤产业发展带来困难，比如高档锦鲤生产，我国由于在锦鲤育种和养殖技术投入不足，优质种源还未摆脱对日本的依赖，这对我国高档锦鲤生产和销售都是一个重大隐患。其次，锦鲤的病毒病始终是一个盘旋在锦鲤上空无法驱散的阴影。近几年来，锦鲤疱疹病毒病不但对国内锦鲤生产造成重大损失，也对锦鲤国际贸易造成了严重威胁，任何国家，只要有限制锦鲤进口的意愿，就可以拿出疱疹病毒这个武器，非常有效。另外，我国将来经济发展是否顺利、水环境状况（主要指可用于养殖的淡水资源）是否有所改善，都会对锦鲤产业的发展产生影响。

第二章
繁殖和苗种培育

第一节　亲鱼与繁殖

　　每年春季，当水温达到 18℃以上，一个水体同时具备雌雄成熟锦鲤的情况下，在鱼巢和雨水或流水的刺激下开始其自然繁殖。在我国南方，锦鲤理想的繁殖时间是清明节前后，最晚 5 月上旬。

　　锦鲤繁殖成功的关键是：优质的适龄亲鱼、合理的配组、恰当的时机。所以，繁殖的准备工作要从后备亲鱼培养开始。

一、后备亲鱼培养和挑选

　　在冬季挑选后备亲鱼，用于第二年春季繁殖。挑选要求：健康无伤无病、粗壮、头部宽阔而饱满、体表光泽明亮、颜色饱满度高、色块清晰而均衡符合其品种特征并达到 A 级鱼标准。挑好之后最好雌雄分别养在不同的土池中，以避免出现非人工控制的配对产卵。

　　雌雄鉴别。雌性泄殖部突起而柔软，丰满，有卵巢轮廓，通体滑腻；雄性泄殖孔凹陷，结实，繁殖季节通体粗糙有滞手感，稍挤压后腹部即有精液排出。

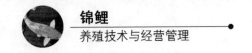

二、亲鱼挑选

锦鲤雌性最佳繁殖年龄为 3^+ ~ 6^+（3~6 冬龄），特别优异的个体可以在 9~10 冬龄时仍然作亲鱼使用。因此，雌雄分塘时可挑选 2^+ ~ 5^+ 的雌鱼，经产鱼以其子代的质量为主要挑选依据，淘汰子代质量不佳的个体，淘汰年龄过大的个体。优质锦鲤的雌鱼一般不会连续 3 年用于繁殖，因此 4^+ 或以上的雌鱼应根据以往的记录，考虑翌年春是否用于繁殖。雌亲鱼的挑选首先要求健康无伤病，卵巢发育良好有卵巢轮廓，适度丰满，色泽浓郁色块清晰，符合品种顶级质量要求。雄鱼最佳繁殖年龄为 2^+ ~ 4^+，因此分塘时应选留年龄 1^+ ~ 3^+ 的个体，要求健壮而比雌性亲鱼略微修长，腹部没有明显膨大的个体，其他要求与雌鱼类似。雄亲鱼数量应为雌鱼的 2 倍。

分塘后的亲鱼采用低密度养殖，养殖池面积 600~2 000 平方米即可，养殖密度 0.3~0.5 千克/米^2，冬季每天投喂 1 次，每次投喂量为鱼体总重的 1%，饲料应含较高的蛋白质，并含有丰富的维生素和矿物质。春季水温上升到 15℃ 以上时，适当加大投喂量，并每周冲水 1 次。

水温上升到 20℃ 以上时，可以开始锦鲤的繁殖。水温稳定在 23~25℃ 时最佳。

三、配对繁殖

锦鲤的斑纹有很多的色泽和形态、分布的变化，但并非全无规律。品系或品种的起源各不相同，有些是选育而成，有些是按照经验模式杂交而成。如果不讲品种的随意配种，很可能一窝几十万后代中，竟无一条上品，而且还会因为种系的混杂，这些后代也失去了作为种鱼的价值，因此配种一定要注意品系问题。

由于品系太多，这里只能介绍总体的规律：主要品系一般采用同品系配对；红白是锦鲤的"基本型"、"原始型"品种，可以作为亲本之一与其他带有红色斑纹的品种配对。

锦鲤人工繁殖有四种方式：人工配对自然产卵、注射催产激素自然产卵、不注射催产激素人工授精、催情后人工授精。

1. 人工配对自然产卵的方式

这种方式至今在日本仍然有渔场采用。在水温接近25℃时挑选后腹部膨胀松软的母鱼，每尾配以身材规格年龄略小的同品种雄鱼2尾成为一组，雄鱼应发育良好，轻压后腹部有浓厚且遇水迅速散开的精液，每组用一个15～30平方米的小池，投入适量鱼巢，昼夜以中等流量冲水，24小时之内一般能获得相当于怀卵量1/2～2/3的受精卵。

2. 注射催产激素自然产卵

这是比较常用的人工繁殖方式，在我国，中档和低档锦鲤的繁殖以这种方式为主。这种人工繁殖方式对水温的适应范围较大，对母鱼卵巢成熟度的要求也不很高，产卵比较集中，产卵数量大，受精率也较高，因此在我国被大多数锦鲤场所接受。

这种繁殖方式实际上在水温达到18℃时就有比较大的把握，但是为了更有利于鱼苗培育，一般仍然等到水温上升到23℃时才进行配对催产。

锦鲤对常用的催产药物都敏感，因此脑垂体（PG）、促黄体生成素释放激素类似物（LRH-A）、绒毛膜激素（HCG）、地欧酮（DOM）都可以使用。目前，促黄体生成素释放激素类似物（LRH-A）是在锦鲤催产中最经常使用的药物，几乎是必用药，因为它可以单独使用，也可以和其他三种药物中的任意一种或两种搭配使用。按每千克母鱼的注射剂量计算，有下列主要药物配伍可供选择：① LRH-A 30 微克；② LRH-A 20 微克+DOM 20 毫克；③ PG

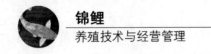

1/4+LRH-A 20 微克；④ LRH-A 20 微克+HCG 500 国际单位。其中② ③ 为推荐配方。催产药物以 0.65% 生理盐水为溶剂配制，药物的浓度应控制适当，使每尾雌亲鱼注射量在 1~3 毫升为好。每千克雄鱼注射量减半，或免注射。具体操作不再详述。

3. 人工催情后人工授精

配对及催情的操作与上一种注射激素自然产卵的方式基本一样，这项技术的关键是把握催产药物的效应时间。药物效应时间与水温呈负相关关系，与注射药物的种类有一定的关系，而与注射剂量几乎没有关系。以理论效应时间作为人工授精操作的依据尽管是可行的，但不如实际观察判断更加便于操作、效果更好。

一般而言，当雄鱼积极追逐，雌鱼也不像开始时那样迅速逃遁，而是缓慢游动，有意配合雄鱼对其腹部的推挤和摩擦时，如果将雌鱼头向上抱起或该鱼挣扎时有鱼卵流出，说明卵子已经达到最佳成熟度，此时正是人工授精的最佳时间，应立即进行人工授精操作。

先将母鱼腹部用干毛巾轻轻吸去，一人抱住母鱼让它的泄殖孔向下，对准接卵用的干的塑料盆，另一人用力从鱼的上腹部向泄殖孔方向推压，将鱼卵挤出。如果成熟好，采卵应该很顺利，推压一遍即可将 90% 以上的成熟卵子挤出。如欲采更多的卵，可再挤一次，直到挤出的鱼卵带有一些凝固的血丝。挤出的鱼卵暂时搁置一旁，避免阳光直射，同时防止接触水，紧接着应该在 3 分钟内完成采精和授精。采精时一人抱住鱼身，轻轻吸干鱼体表面，将泄殖孔对准采集到的鱼卵，或一个干的适当容器；另一人从鱼腹中央位置起两侧施压逐步推向泄殖孔方向，将采集到的精子迅速与卵子混合均匀后，倒入少量鱼用生理盐水（盐度 0.65%），搅动 10~20 秒，并迅速泼向鱼巢。泼洒时应尽可能泼洒面积大而均匀，或者一面泼洒受精卵一面转动或移动鱼巢，使受精卵附着均匀，避免鱼巢上出现多层受精卵堆积的情况。

人工授精获得的受精卵也可以在脱去黏性后用孵化槽孵化，这样可以获得较高的孵化率，脱黏的方法与鲤鱼、鲫鱼受精卵脱黏相同，使用滑石粉或黄泥化成的悬浊液。

4. 不注射催产激素人工授精

这种方法就是将成熟的雌雄亲鱼放在一起，然后观察，在雌鱼发情时将这尾雌鱼和选定的雄鱼捞起进行人工授精。这种人工繁殖的方法在日本采用比较多。具体操作程序是这样的：

在水温接近25℃时，挑选体形色质等各方面符合要求的亲鱼，选出后腹部膨胀松软的母鱼，数尾或十几尾放入产卵池或网箱（见彩图24），然后放入相应数量相同品系、身材规格、年龄略小的雄性亲鱼（也就是准备用来与雌鱼配对的雄鱼）。此外，还可以适当增加一些雄鱼，投入少量鱼巢增加对鱼的刺激，昼夜以中等流量冲水，待亲鱼入池8小时后开始，由有经验的人专门观察守候。当雄鱼积极追逐，雌鱼也不像开始时那样迅速逃遁，而是缓慢游动，有意配合雄鱼对其腹部的推挤和摩擦，且追逐时雌鱼偶尔将尾鳍上部露出水面，说明授精时机已经到来。此时，如果将雌鱼头向上抱起或该鱼挣扎时有鱼卵流出，说明卵子已经达到最佳成熟度，这就是这尾雌鱼人工授精的最佳时间，应立即进行人工授精。

需要注意的是，由于没有注射催产激素，雌鱼在配对开始时的成熟度也不会完全相同，所以每条雌鱼发情的时间是不一样的。当有一尾雌鱼达到最佳排卵时间时，应该立即将这一尾雌鱼捞出，再将预先准备配这尾鱼的雄鱼捞出，进行人工授精，其他的鱼暂时不要理会，仍然继续观察。

四、孵化

一般方法：产卵完毕后，应尽早将亲鱼移走，放回亲鱼培养池（雌雄同池）调养。受精卵既可在原池孵化，也可移至孵化池孵化，或者将鱼巢移至育苗池孵化。但应立即更换 80% ~ 90% 新水。

孵化需要适当的水温、充足的溶解氧、适度的光照、良好的水质，所以孵化时，如果不是人工脱黏，而是鱼巢上的鱼卵，可以直接放在水泥池孵化，或在育苗池悬挂网箱，将鱼巢置于网箱内孵化。不论何种水体中孵化，都要控制密度、保证水质、打气充氧。一般水泥池中孵化密度的上限是 10 万粒/米^3，池塘网箱中孵化密度视条件而定，如果有条件打气充氧，孵化密度的上限可提高到 15 万粒/米^3，如果没有条件充氧，孵化密度不要超过 5 万粒/米^3。

孵化出膜时间：水温 25℃ 时 60 ~ 72 小时，水温 30℃ 时 36 ~ 40 小时。

鱼苗出膜后 2 ~ 3 天将鱼巢移走。在池塘中挂网箱孵化的，可先将网箱上沿下压至水面下 10 ~ 20 厘米，让大部分鱼苗自行游走后，再小心地将网箱拿走。

第二节　鱼苗培育

一、水花至夏花阶段

在水产养殖业中，刚出生的鱼苗称为水花，下塘一个月左右规格（全长）达到 3 厘米称为夏花。锦鲤养殖业原来并无这些术语，在此借用水产养殖术语，表达比较方便。

放养水花锦鲤苗的池塘面积最好是 1 ~ 2 亩，不要超过 5 亩（主要是为了挑选鱼苗时拉网方便，因为密网在大塘中很难拉动，而且起水鱼苗数量太大，不能在 1 天内挑选完就会对鱼苗带来较大损害），提前 10~15 天清塘消毒，关键是必须杀灭野杂鱼、害虫、致病菌等。所以，最好的消毒方式是放浅水后用生石灰化水泼洒，没有条件的可用茶麸或其他药品如漂白粉等。

放养前用其他小鱼试水，确信消毒药物已降解至安全范围内。同时可施肥，以便肥水开花（开花，也称发花，水产养殖术语，指将水花鱼苗放入池塘中培育），有利于鱼苗成长并能保证较高的成活率。

出膜后 3 天，已经起水离开鱼巢的鱼苗可放塘，鱼塘水深 50 厘米，放养密度每亩 10 万~20 万尾。也可采用直接在鱼苗池孵化的方式，将附着鱼卵的鱼巢移到鱼苗开花池孵化。

水花鱼苗阶段的投喂方法及养殖管理与"四大家鱼"相同。用豆浆或浸泡好的花生麸全池泼洒，每天 3~4 次，5 天后改成鱼塘四周泼洒。每 3~5 天向鱼塘冲入少量新水，进水口要用筛网过滤，防止野杂鱼混入。

鱼苗长到 1.5 厘米后，可停止投喂豆浆，用花生麸或者商品饲料"鱼花开口料"都可以。鱼苗长到 2.5 厘米要拉网锻炼一次，以便减少将来运输或挑选时的损耗。

鱼苗长到平均 3 厘米要进行第一次挑选，淘汰畸形、白瓜（又称白棒，指鳞片基本没有颜色，整个看上去有点白色但没有强光泽的个体）、红瓜（又称红棒，指全身红色没有花纹的鱼）、乌鼠（黑色斑点、红色和白色混乱交杂的个体）。

二、二级鱼苗阶段

这是一个过渡阶段，一般指 3~8 厘米的幼鱼阶段，因为要多次挑选，所以不便用很大的池塘。

经过第一次挑选的幼鱼，放入 2~3 亩的鱼塘（不可超过 5 亩）养殖，水

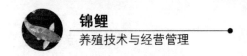

深 1~1.5 米，每亩放养 1 万~5 万尾（当然密度小些好），开始时用 1#"鱼花开口料"，长到 4 厘米以上可改用 0#浮性饲料（粒径约 1 毫米）投喂，每天投喂 2~4 次。

幼鱼长到 4~5 厘米时可以进行第二次挑选。尽可能将池塘中的鱼全部拉起来，吊在网箱或水泥池里，要遮阴，以免对小鱼造成伤害，挑出来的合格鱼放回原来的池塘。这一次的挑选还是以淘汰不合格鱼为主，除了像第一次挑选那样淘汰畸形鱼、白瓜、红瓜、乌鼠外，还要剔除损伤严重的、颜色模样明显不合格的个体。

幼鱼长到 6~8 厘米，是可以放大塘的规格了，应该在放大塘之前再做一次挑选，以免没有用的次鱼浪费资源、影响合格鱼的生长。

这一次的挑选更加严格，应该根据各品种的特征，选留合格的鱼，而某些品种有特别的要求。

第三节 不同档次及品系的不同要求

一、不同档次的不同要求

高、中、低档次的锦鲤，繁殖和育苗的操作基本是相同的，只是要求不同而已。高档锦鲤各方面都有高要求，而低档锦鲤的质量标准要低一些，但并非要以低质量为目标。当然，如果低档锦鲤要求高质量，是需要付出高成本的，而这样并不符合低档锦鲤的经营策略。

高档锦鲤对亲鱼的要求很高，首先一定要最好的年龄段，雌鱼要 3~6 冬龄，雄鱼 2~4 冬龄。其次，规格要大体形为好，雌鱼至少全长 70 厘米，健壮丰满，头要大而圆，尾柄粗壮，腹部要有卵巢轮廓，但又不能大腹便便；雄鱼全长至少60厘米，体形修长而结实，腹部坚实，尾柄粗壮。颜色浓郁、沉稳、均匀，切边清晰。除此之外，亲鱼的遗传基因要好，要了解雌雄亲鱼各自的血统，避免亲缘关系太近的配对。

高档锦鲤除特殊品系外，配种都要求同品系相配，雌雄鱼一对一进行人工授精。

而低档锦鲤繁殖对亲鱼的要求是，年龄不重要，能繁殖就好，个体不用太大，雌鱼55厘米以上、雄鱼40厘米以上就行，关键是怀卵量要大，至于体形，丰满健壮固然很好，肚子大最重要。

低档锦鲤的繁殖不要求精确配对，几尾甚至十几尾雌鱼在同一个产卵池生产是很常见的。低档锦鲤的配对配组一般也要求同品系相配，不过红白和大正三色混杂繁殖却很常见。

至于中档锦鲤，以高档锦鲤为看齐的目标，但是没有达到那种程度。

在鱼苗培育方面，高中低档锦鲤也有差别，高档锦鲤要在较低的密度下快速成长，只有这样才能使具有最优秀色彩模样的鱼苗不至于因竞争激烈而被自然淘汰。只有这样才能选得到更多的好鱼，并在幼年充分发挥生长潜力，迅速成长。低密度养殖，让它有"海阔凭鱼跃"的空间，避免因生长空间的压抑而造成鱼体变形。

而低档锦鲤，鱼苗淘汰率相对低一些，对鱼苗质量的要求没有那么高，需要的不是顶级鱼而是低标准下的合格鱼，有时甚至对数量的要求胜过对质量的要求，所以鱼苗放养密度比高档锦鲤高得多。

中档锦鲤鱼苗在培育方面，介于高档低档两者之间。

二、不同品系的不同要求

锦鲤行业有句俗话："始于红白，终于红白。"就是说，锦鲤最具有代表性的品系是红白，选鱼也往往以红白为例。

红白不光要白底上有红斑，还要讲究白底非常的白，红斑与白底之间应该界线分明，红盘不能散乱，鳃盖上不应该有红色块，鳍上不可有颜色，身体侧线以下尽可能不要有红色。大正三色基本对红白的要求一样，有没有墨斑倒不重要，因为墨斑可能晚一些出现。

昭和三色的挑选有所不同，要尽早开始挑选，如果有经验丰富的技术工人，那么可以从受精卵开始挑选：留下颜色比较黑的胚胎，淘汰没有黑色素的胚胎；孵化出来之后，淘汰没有黑色素的鱼苗，稍大点的鱼也是先淘汰没有墨斑的鱼。当鱼苗长大8厘米以上，其他品系基本可以看出将来会是什么模样，但是昭和三色不能，因为昭和三色最重要的是墨质，也就是黑色素细胞群，是生长在真皮层，慢慢从真皮层生长到表皮，而且面积也逐渐扩大。所以小时候，有些墨质从表面看不到，有些墨斑，开始时可能只是一个小点，更多的是，从白色表皮下面透射出浓淡不定的灰色。昭和三色墨斑的发育，常常要持续到三四岁，甚至个别的情况，到七八岁墨斑还在变化，所以挑选昭和是很困难的。

单色锦鲤的挑选与"大三家"（指红白、大正三色和昭和三色这三个品系）锦鲤的挑选又有所不同，其着眼点在于体形、生长速度及色质浓淡。

第三章
成鱼养殖及相关技术

　　成鱼，是约定俗成的对商品鱼的称谓。在我国，锦鲤从体长 10 厘米就开始上市，商品鱼规格的跨度从 10~60 厘米，年龄跨度从 4 个月到 3 年。同时，锦鲤商品鱼的规格及年龄，又与锦鲤产品的档次及经营策略有关，低档产品上市年龄不超过 1 年，中档产品上市年龄以 1~2 年为主，高档产品年龄在 2 年以上。

　　养殖锦鲤的目的，是为了盈利，但怎样才能赚钱，却要根据产品档次定位，采取不同的策略。不同于食用鱼的单纯追求高产的养殖方式，锦鲤不同的产品档次定位，养殖的目的要求不同，技术运用的方式也不同，因此本章将根据产品定位分别论述锦鲤养殖技术。

第一节　低档锦鲤养殖策略和技术

一、养殖策略

低档锦鲤养殖策略就是生产当年鱼，并且尽可能获得高产，尽量压缩生

产成本，产品质量不需很高，但要有市场需求，不能生产完全没人要的废品级锦鲤。

作为压缩生产成本的一个重要手段，低档锦鲤生产场通常自己繁殖育苗。

二、养殖技术

1. 养殖条件

养殖场应建在交通便利、有电力供应、进排水便利的地点，水源质量应符合渔业水质标准（GB 11607）。

采用土池，一般为长方形，东西走向，长宽比宜为 3∶2～4∶1。面积 2 000～10 000 平方米（即 3～15 亩），池的深度不小于 2 米，可蓄水深度不小于 1.5 米。池堤宜用均质土筑成，基面宽度一般在 2.5～8.0 米，坡比应根据土质状况和护坡情况决定，一般为 1∶1～1∶3。

可采用水泥预制板、水泥浇筑或砖砌护坡，护坡表面应光滑平整，护坡底脚深入池底 0.5～0.8 米为宜。可在土池一端设进水口，另一端建排水口等，进排水口易受水流冲击部位的护坡应采取抗冲击防护措施。

鱼池也可以不建进排水口，进排水用水泵。池底应平坦且向排水口或池外排水渠一端倾斜，池底倾斜坡度一般为 1∶100～1∶200，底泥厚度宜为 0.1～0.2 米。

放养鱼苗前 7～10 天清塘消毒，然后加水至 1～1.2 米，适时适量投放发酵腐熟的有机肥，使水呈油绿色，透明度 30～40 厘米，放苗前 1～2 天用锦鲤苗或家鱼苗试水，如果试水鱼 24 小时后没有异常，说明可以放锦鲤苗，如果试水鱼 24 小时内有一定比例的死亡，重新试水，直至可以放苗为止。

2. 鱼苗放养

采用锦鲤为主，搭配少量鲢鳙鱼的养殖模式。锦鲤有十多个品系，每个品系内不同个体都有质量档次高低的区别，每个质量档次的消费市场，各品系所占的份额也有细微的差别，低档锦鲤主要品系，是红白和大正三色，其次是黄金锦鲤，再次白金锦鲤、乌鲤，其他品系较为少见。所以，养殖低档锦鲤所选择的品系，主要是红白和大正三色，其次是黄金锦鲤。

体长 3~5 厘米，经过 1~2 次挑选留下的鱼苗，可直接放养于池塘。

在低档锦鲤鱼苗选留时，一般首先淘汰那些畸形、伤残、体弱的个体，其次淘汰那些完全没有观赏价值的鱼，主要包括白棒（全身鳞片透明而表皮白色的锦鲤，与白金锦鲤的区别在于，后者有金属光泽）（又称白瓜）、乌鼠（指全身有很多大小不一分布杂乱的黑点黑斑的锦鲤），有的也淘汰红棒（指全身红色而鳍为白色半透明的锦鲤）（又称红瓜），如果是一次性选留，淘汰率通常在 50% 左右。

挑选鱼苗的操作细节与优质锦鲤鱼苗的挑选略有不同，操作程序是这样的：先拉网将鱼苗集中到软的长网箱，过筛使最大规格的 10%~15% 为一组，最小规格的 15%~20% 为一组，中等规格的为一组。最大组和最小组如果有条件可以挑出质量好的另外养，如果没有养殖条件就直接淘汰，池塘放养的鱼苗将从中等规格组挑选。接下来将备选的鱼苗放入软的长网箱（可以将淘汰的鱼苗搬走，直接用原网箱），该网箱应该设在庇荫的位置，将网箱隔成两段，鱼苗集中在其中一段，另一段空网箱用来放选留的鱼，再准备一个容器用来放淘汰的鱼。然后用塑料盆或者锅底形手抄网每次捞数十尾备选鱼苗，带少量水，手工挑选。

挑选好的锦鲤，应是同样的规格在同一天放养完毕，其放养量为 5 000~10 000 尾/亩，搭配放养 6~9 厘米的白鲢 100~200 尾/亩，鳙鱼（俗名花鲢）约为白鲢放养量的 30%。

3. 饲养管理

（1）饲料选择

饲料因鱼苗规格不同而有不同的要求，体长 3~6 厘米的锦鲤，宜选用粗蛋白含量 35% 以上的膨化颗粒饲料（也称浮性颗粒饲料），颗粒大小要适口，市场上通常最小粒径的浮性颗粒饲料，标号为 0 号鱼苗料，粒径适合这个规格的锦鲤鱼苗。体长 7~15 厘米的锦鲤，宜选用粗蛋白含量 32% 以上的沉性颗粒饲料，颗粒大小要注意适口。体长 15 以上厘米的锦鲤，宜选用粗蛋白含量 30% 以上的沉性颗粒饲料。

养殖鱼类营养要求，一般幼鱼越小的时候蛋白质要求越高，维生素、矿物质的含量也要求较高，同时幼鱼消化器官发育未完善，消化能力不强，所以我们选择的饲料不但蛋白质含量要高，还要容易消化，而膨化饲料因为加工过程中经过了高温蒸煮，属于各种人工饲料中最容易消化的。但是，高温处理也造成了饲料中部分维生素的破坏，这是它不利的一面，权衡利弊，还是用膨化饲料好一些，毕竟这个阶段时间不长，而且膨化饲料中维生素欠缺的问题可以通过养殖者向饲料中适当补充复合维生素添加剂来解决（多维素化水后用喷雾器喷在饲料上再晾干即可）。而规格稍大的锦鲤，消化器官发育相对更完善，消化能力更强，改用沉性颗粒饲料可以满足鱼苗对维生素的需求，更可以节约饲料成本 40% 左右。

（2）饲料投喂

投喂要符合"四定"的原则，即定时、定点、定质、定量。具体执行时，不同规格有不同的投饵要求。

体长 3~6 厘米，每天投喂 3~4 次，日粮相当于鱼体总重量的 8%~10%，一般第一餐投喂的时间是 9：00 左右，最后一餐是天黑前 0.5~1 小时。投喂点的数量因池塘面积而异，1~2 亩的池塘设 2~3 个，3~5 亩设 3~5 个，5~

10亩设6~8个。由于投喂的是膨化饲料，为防止饲料四处漂散，每个投喂点应该设一个方框，一般用直径50毫米的塑料水管粘结成3米×3米或4米×4米的框架，插2枝竹竿固定住。此阶段宜采用人工投喂（见彩图25）。

体长7~15厘米，每天投喂2~3次，日粮相对于鱼体总重量的5%~8%，第一餐投喂的时间是9：00左右，最后一餐是天黑前0.5~1小时。投喂点1~2亩的池塘设1~2个，3~5亩设2~3个，5~10亩设4~6个。投喂沉性颗粒饲料速度不可太快，最好每个投喂点装一个颗粒饲料投喂机（见彩图26），这个投喂机应带离心转盘、能慢速释放饲料并把饲料打到2~4米以外，每一餐投喂的时长最好达到半小时。最好不要采用人工投饵，因为这样比较浪费劳动力。

体长15厘米以上，每天投喂2~3次，日粮相对于鱼体总重量的4%~6%，其余不变。

在实际养殖中，日投喂量应该根据天气、水温、摄食情况进行调整，不要完全依照书本的条条框框，有养鱼经验的人可以根据以往养殖其他鱼的经验调整，没有养鱼经验的人，要把握下面几条原则：第一，鱼在浮头不喂；第二，阴雨天不喂或少喂；第三，水温30℃以下温度越低喂食量越小，10℃以下停食；第四，水色过浓时适当减少投喂量；第五，鱼吃食不积极减少投喂量。

（3）水质管理

水质要求基本和"四大家鱼"池塘类似，讲究"肥、活、嫩、爽"四个字，简单的综合解释这四个字的含义，就是水中要有比较丰富的浮游生物，朝午晚的水色有变化，显示水体中藻类的活力，藻类的组成合理，没有明显的蓝藻藻花，水体表面没有油膜等污物。

锦鲤是杂食性鱼类，摄食方式以吞咽为主，体长5厘米以上基本不能直接摄食浮游生物，水的肥度不需要太高。水中藻类的作用主要是通过光合作用增加溶解氧，以及通过藻类对氨氮的吸收利用，避免过多的氮化合物对鱼

类造成毒害。所以，锦鲤池塘一般不需要施肥，残饵及养殖鱼的排泄物足以使水保持适当肥度。一般要求水体透明度 30～40 厘米，水色为油绿或茶褐色，透亮的，没有太多肉眼可分辨的微小颗粒。彩图 27 所示为一种理想的水色，但并不是唯一的标准水色，理想水质的关键是"肥、活、嫩、爽"。

水质管理的目的，就是要保持上述水质状况，并且保持适当的水深。所以夏季水分蒸发量大时要适时加水，而水质不符合要求时要采取措施加以控制。

（4）其他管理事项

养殖期间要每天早晚巡塘，观察水色及鱼的活动状况，发现病死鱼及时捞出、诊断。

池塘中要架设增氧机，每年 7—10 月鱼的存塘量大，摄食量大，耗氧高，应注意避免缺氧浮头的情况。

第二节　中档锦鲤养殖策略和技术

中档锦鲤是指质量介于高档与低档之间的锦鲤（见彩图 28）。中档锦鲤最重要的特征是遗传性状退化，生长潜力不及高档锦鲤，体形和色彩两方面之一达到高档锦鲤的要求，或者两方面都处于中等水平。

当前，锦鲤产业内普遍认为，日本原种锦鲤的遗传基因——即所谓血统是最好的，其次由日本原种锦鲤雌雄亲鱼亲缘关系较远的配对产生的子一代，血统也仍然是较好的，这是高档锦鲤的遗传基础。而中档锦鲤，通常是日本锦鲤在中国繁殖超过一代之后，因不当的配种组合、不当的养殖方法，造成一定程度的退化的结果。

从价格方面看，以全长 40 厘米的锦鲤为例，目前的分档界线大约是：高档超过 1 000 元/尾，中档 100～1 000 元/尾，低档不超过 100 元/尾。

有人认为，中档产品不应作为锦鲤养殖场追求的目标，企业应以生产最好的产品为已任，锦鲤养殖场都应该努力生产高档锦鲤。这种观点其实是错误的，不值一驳的。企业的根本目的是利润，获取利润的途径是生产市场需要的产品，中国锦鲤市场高、中、低三个档次产品的需求都有，而中档锦鲤的需求并不少于高档锦鲤。

一、养殖策略

中档锦鲤养殖策略就是高成品率和高产量，一年或两年上市销售。

中档锦鲤生产的首要前提是鱼苗质量要有保证。

中档锦鲤养殖 1 龄鱼应该在保证产量的同时力争达到较大的规格。

二、养殖技术

1. 当年鱼苗养殖技术

中档锦鲤鱼苗要求在当年年底全长达到大约 30 厘米。

（1）养殖方法

中档锦鲤要求的池塘条件、养殖管理与高档锦鲤当年鱼养殖没有不同，不同在于养殖密度、饲料。

鱼苗长到体长 3 厘米时，进行第一次挑选，选留的鱼苗用较小的密度尽快养大，争取 15 天左右达到体长 6 厘米，然后进行第二次挑选。

第二次挑选留下的鱼，可放入事前准备好的大池塘，放养密度 3 000～5 000尾/亩，搭配放养 6～9 厘米的白鲢约 100 尾/亩，鳙鱼（俗名花鲢）约 30 尾/亩。

鱼苗下塘后第 3 天开始投喂饲料，用粒径适口的浮性颗粒饲料，最好选用锦鲤成长料（专用饲料），考虑到锦鲤专用饲料通常价格比较高，也可用

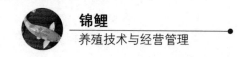
对应粒径的肉食性鱼类饲料代替，或者自己加工饲料。初期要求饲料的粗蛋白含量达到38%左右，鱼苗（或称鱼种）达到10厘米后，饲料粗蛋白含量35%即可。每个池塘设数个塑料管框架作为投喂点，投喂点的数量参见本章第一节。每天投喂3~4次，投喂时间一般第一餐是9：00左右，最后一餐是天黑前0.5~1小时，每天的投喂量随鱼苗的成长而逐渐增加，每星期调整一次。在保障池塘供氧的前提下，晴好天气尽量让鱼吃饱，一般早餐和晚餐以半小时吃完为适当，而中午、下午的投喂量控制在20分钟吃完为适度。

水质管理等其他事项参考本章"第二节 高档锦鲤养殖策略和技术"的"当年鱼苗养殖技术"中"养殖方法"一段。

（2）出塘

起捕方法与高档锦鲤第一年鱼苗起捕方法相同。

中档锦鲤第一年出塘的苗种有两个去向：出售和留养。留养的鱼大部分是准备再养一年，养成全长40~50厘米的中大型个体再出售，少部分留作后备亲鱼，在此次选择时，后备亲鱼和中大型商品鱼的区别无需考虑，需待下一年再区分。

此次选别首先是挑出品质较好、生长速度快的鱼作为留养鱼，其他的全部出售，而出售的鱼通常也会再分2~3个等级，具体怎样分还要看市场形势和出塘鱼的状况。

选留的鱼种应该符合这样的要求：体型标准，生长速度较快，有一定生长潜力，色斑模样符合品种要求，颜色纯正（以红斑为例，同一条鱼不同的斑块应该一样颜色，不能深浅浓淡不一，更不能有的是血红色有的是粉红色）。体形好、生长速度快的个体，可以适当放宽对色斑模样的要求，但是形态不好、生长速度明显偏慢的鱼，即使颜色模样出色也不可留养。

所以，中档锦鲤第一年出塘种苗的选别，操作的第一步可以先按规格分为大、中、小三部分：小的那部分可以直接进入待售的行列；大的那部分适当降低颜色模样方面的标准，选留较大比例；中等大小的部分按正常标准挑选。

2.2 龄鱼的养殖

（1）放养

放养密度 400~1 000 尾/亩，搭配放养 25 厘米左右的白鲢约 50 尾/亩，鳙鱼（俗名花鲢）约 15 尾/亩。

放养密度之所以悬殊较大，是因为鱼场的经营方式和 1 龄冬季鱼种的规格不同。一些生产低档锦鲤的鱼场，也会选出质量较好的鱼第二年继续养，这些鱼基本属于中档鱼，但是由于第一年养殖密度比较大，往往规格比偏小，而规格小放养密度当然应该更大。还有，不同鱼场鱼种质量不同，生长潜力不同，生长潜力小的鱼即使稀养也不能增加多少生长速度，不如放养密度加大一点，追求更大的产量更合理。

（2）饲养管理

锦鲤专用浮性颗粒饲料价格较高，锦鲤生产者往往会觉得中档锦鲤用这种饲料成本太高，因此很多人会选育肉食性鱼类的饲料替代，还有一些鱼场宁愿自己生产饲料。

根据调研，浮性的锦鲤成长料与同样规格的肉食性鱼类浮性饲料相比，每吨的价格要高 500~1 000 元，而粗蛋白含量反而低 2%~3%。但是，由于锦鲤专用饲料更符合锦鲤的营养需求，蛋白质含量略低，饲料系数反而更低。也就是说，生产单位重量锦鲤所消耗的饲料更少些，所以选择哪种饲料都有其合理的一面，经营者应自己权衡利弊做出抉择。作者认为，如果鱼场有能力生产膨化饲料的话，那就自己生产（配方可参考高档锦鲤养殖策略和技术一节），肯定能降低成本。如果鱼场只能生产沉性饲料，建议还是购买浮性饲料喂养 2 龄鱼，因为 2 龄锦鲤生长速度快，摄食也比较凶猛，但是沉性饲料

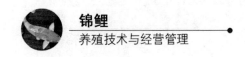

较难消化，对肠胃造成较大的负担，如果投喂量足够，会造成积食，引发疾病，如果控制投喂量，又不利于生长。

每天投喂 3~4 次，投喂时间一般第一餐投喂的时间是 9：00 左右，最后一餐是天黑前 0.5~1 小时，日投喂量为总体重的 4%~6%。正常情况下，如果把日粮投喂量分为 10 份，按每日喂 3 餐分配，各餐的份额大致是早餐 3.5份，午餐 2.5 份，晚餐 4 份。具体操作及注意事项可参考"高档锦鲤养殖策略和技术"一节。

（3）水质管理

水质管理是保障锦鲤健康成长的重要环节，成活率、生长速度乃至产品质量都与水质有很大的关系。具体操作及注意事项可参考"高档锦鲤养殖策略和技术"一节。

（4）出塘

中档锦鲤出塘后的去向基本都是市场，所以在出塘前要为上市销售做一些准备，最主要的准备工作是扬色和塑身。

扬色和塑身是在大批量出塘前一个月开始的，如果是在生产中期出鱼——对于自家有卖场的锦鲤鱼场来说这是经常的事，扬色是在水泥池中进行的。

2 龄鱼池塘清底式的出鱼与地方气候条件有较大关系，一般水温下降到15℃就可以开始，水温下降到 5℃前完成，实际上很多是在水温 15℃ 左右就完成了，因为水温太低的时候鱼如果受伤很容易长水霉。具体时间一般黄河以北地区 9—10 月，长江中下游地区 10—11 月，广东、广西壮族自治区（两广）与海南 11—12 月。

池塘大批量出鱼的时候，卖场的鱼周转很快，所以不可能在卖场对池塘上来的鱼进行扬色处理，因此进入卖场的锦鲤多数是已经完成扬色的，这就要求 2 龄锦鲤大批量出塘前，应该在池塘中完成扬色。

扬色的操作办法是投喂扬色饲料，一般要求是连续投喂一个月，考虑到水温 15℃ 以下摄食量急剧下降，所以如果预计 2 龄锦鲤出塘的时间水温早已低于 15℃ 的话，应该更早开始投喂扬色饲料。锦鲤养殖者应该了解本地的气候，要知道池塘水温变化规律，知道水温在每年什么时候下降到 15℃ 左右，然后倒推开始扬色的时间。

在一些锦鲤养殖场比较集中的地区，比如珠江三角洲、天津等地，有专业的饲料厂生产锦鲤扬色饲料，市场上很容易买到，但是价格一般比锦鲤成长料贵很多，不过相对于中档锦鲤价值提升的程度而言，还是很值得的。如果养殖场自己能加工膨化饲料，自己生产扬色饲料可以一定程度降低生产成本。提供一个饲料配方如下：

鱼粉 33，豆饼 23，次粉 10，玉米 10，酵母 8，麦胚 2，蚕蛹 10，螺旋藻 2，鱼肝油 1，水溶性多维素 0.5。

出塘前 2 天开始停止投喂，然后把水位降低到 0.8～1 米，用适当网目适当规格的池塘拖网拉 2～3 网，然后再降低水位至落凼，再拉网，直至全部鱼上网出塘。

第三节　高档锦鲤养殖策略和技术

一、养殖策略

高档锦鲤养殖策略就是高品质、低密度、快成长，2 年或 3 年上市销售。

高档锦鲤生产的首要前提是要有稳定可靠的优质鱼苗，其次就是快速成长。

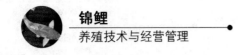

二、养殖技术

1. 当年鱼苗养殖技术

高档锦鲤鱼苗要求在当年年底体长达到 30 厘米左右，全长大约 37 厘米。

（1）养殖条件

池塘条件与"第一节 低档锦鲤养殖策略和技术"的要求相同。

另外，池塘中应设增氧设施，一般采用水车式增氧机，或者用漩涡风泵打气增氧。配套增氧设施的功率为每 1 000 平方米 0.5~1 千瓦。增氧机设置的位置要注意均衡，不要离饵料台太近。如果是使用漩涡风泵增氧，每一个风泵应连接多个分支气管，气管再连接到一条条塑料自来水管的一端，另一端堵死，自来水管的管身每隔 20~50 厘米钻一个小孔出气，每条水管的两端再坠一块砖头，每隔一定距离排一条，启动漩涡风泵后就会有压缩空气通过管道输送到池塘底部的上述自来水管，气泡从管中溢出冲向水面，达到增氧及带动水体流动的作用。

放养鱼苗前 7~10 天清塘消毒，然后加水至 1~1.2 米，适时适量投放发酵腐熟的有机肥，使水呈油绿色，透明度 30~40 厘米，放苗前 1~2 天用锦鲤苗或家鱼苗试水，如果试水鱼 24 小时后没有异常，即可以放入锦鲤苗。

（2）养殖方法

从鱼苗孵化出膜 2~3 天，开始平游，就采取低密度快速培育的方法，每亩放养鱼苗 1 万尾左右，过 20 天左右，全长已达到 3 厘米，进行第一次挑选，首先淘汰那些畸形、伤残、体弱的个体，其次淘汰白棒（又称白瓜）、乌鼠、红棒（又称红瓜）等。留下的鱼苗继续培育至全长 6 厘米左右，进行第二次挑选。

第二次挑选相对严格，一般只保留 A 级鱼，达不到 A 级标准的鱼苗全部淘汰，保留率约20%。这次挑选除了淘汰第一次挑选时漏网的次品外，其他鱼主要看色彩和模样（个体太小或体质太弱的当然也要淘汰掉），其选别标准主要是看符合品种特征的程度。

第二次挑选留下的鱼，可放入事前准备好的大池塘，放养密度1 000~2 000尾/亩，搭配放养6~9厘米的白鲢约100尾/亩，鳙鱼（俗名花鲢）约30尾/亩。

鱼苗下塘后第3天开始投喂饲料，选用浮性颗粒饲料，粒径适口，随着鱼苗的成长而增大饲料粒径。饲料最好选用锦鲤成长料（专用饲料），初期饲料的粗蛋白含量为38%~40%，鱼苗（或称鱼种）达到10厘米后，饲料粗蛋白含量35%~38%即可。每个池塘投喂点的数量因池塘面积而异，1~2亩的池塘设2~3个，3~5亩设3~5个，5~10亩设6~8个，每个投喂点应该设一个方框，一般用直径50毫米的塑料水管粘结成3米×3米或4米×4米的框架，插2枝竹竿固定住。每天投喂3~4次，投喂时间一般第一餐投喂的时间是早9：00左右，最后一餐是天黑前0.5~1小时，体长6~10厘米时，日投喂量为鱼体总重量的8%~10%，体长10厘米以上，日投喂量为总重量的5%~8%。

养殖期间要每天早晚巡塘，观察水色及鱼的活动状况，发现病死鱼及时捞出、诊断。夏季每半个月冲一次新水（清洁的河水、湖水或水库水），如果水质状况不佳，需抽出部分池塘水再补充新水，保持水深2~2.5米。

每年自8月开始，直至水温下降到20℃以下这段时间，每天夜间打开增氧设施，晴天的中午12：00—16：00也要打开增氧设施搅动水体。

（3）出塘

当年鱼苗的出塘时间一般是在秋季末至冬季初。

鱼苗起捕的方法是先拉网后干塘。首先放水或抽水使池塘水位下降到0.8~1米，并在附近准备好暂存鱼苗用的网箱或小型鱼池，然后用网目适中

的（一般网目 2a＝2 厘米）池塘拖网，纵向拉 2 次，起捕率应达到 80%～90%，如未达到 80%，再拉一网。

接下来继续抽水，池水入凼至水面面积只有池塘面积的 1/10～1/5 时，停止抽水，改用较小的网具，拉网数次，改用抄网将鱼全部捕起为止。

出塘鱼苗选别的操作时间取决于养殖场的场地条件，如果有适当的暂养池，可以等起捕后过几天，等鱼苗恢复体力再进行，如果起捕的鱼是暂养在网箱里的，那就应该立即进行选别，以免长时间吊箱对鱼造成伤害。

当年出塘的鱼种有两个去向：出售和留养，质量最好的留养，差一点的出售。至于好与差的线划在哪里，主要取决于鱼场的场地条件，即有多少池塘可供养殖 2 龄鱼。

这些接近 1 龄、体长 30 厘米左右的锦鲤的选别，既不同于鱼苗选别，也不同于商品鱼分级，这次选别只分两块，去或留。这一点与鱼苗选别类似，但依据的标准却并不相同，这一次不但要看色彩、模样，更要看体型。

选留的鱼种应该符合这样的要求：体型标准并较丰满，生长速度较快，生长潜力大，色斑模样符合品种要求，颜色纯正（如果个体比同批鱼大，那么因生长迅速而造成的颜色稍薄是可以接受的）。

上述对选留鱼种的要求并不都是直观的标准，体型是否标准不能用成鱼的标准去套，一般这种规格的锦鲤，身体厚度的比例没有达到成鱼的程度，但是体高与体长的比值已经与成鱼相当，所以体高比较高的鱼更好。生长速度可以简单地以个体大小来代表，尽管也可能有误差，毕竟放养时的规格并不是完全一致的，而放养规格的差距会在之后不断拉大。生长潜力是指将来成长规格的极限，是最难判断的，要完全掌握准确把握生长潜力的办法，需要多年的养殖和鉴赏锦鲤的经验。理论上的经验这里介绍一下，但真正的掌握还要靠经验的积累。首先，早熟的鱼是没有生长潜力的，这样的锦鲤，体型的最大特点是，雌性腹部饱满，有明显的卵巢轮廓，尾柄比较细，雄鱼则体型瘦长，尾柄比较薄。

总的来说，生长潜力好的锦鲤，应该额头宽大、尾柄粗壮。细致地观察头部，两只眼睛之间的距离比较宽，两眼之间的额头比较平，再加上粗壮的尾柄，那么这尾锦鲤的生长潜力是比较大的。

鱼挑好以后，留养的鱼可以相对集中，以越冬模式放养。这样做在北方较适宜，因为北方冬季较为漫长，冬季锦鲤基本停止生长，集中放养相对更便于管理。而在南方，可以直接进入养殖模式，按照养殖密度放养。

2. 优质锦鲤第二年的（2龄鱼种）养殖

第二年放养的是较大的鱼种，池塘条件要求与第一年基本相同，不同要求是面积5~10亩，水深2~2.5米。

第二年养殖目标是体长45~50厘米。

（1）放养

放养前需清塘消毒，如果是挑选出来的鱼种直接放塘，应在挑鱼前10天左右清塘、消毒，然后等消毒药物药性过了，就可以放鱼，不需要专门施肥。如果是春季放养，最好在清塘消毒之后，施放适量有机肥。

放养密度200~300尾/亩，搭配放养30厘米左右的白鲢约50尾/亩，鳙鱼（俗名花鲢）约15尾/亩。

（2）饲养管理

目前喂养高档锦鲤常用的是锦鲤专用浮性颗粒饲料，这些锦鲤专用颗粒饲料一般按生长阶段、目标（产品去向）分为不同的型号，这个阶段应该使用规格适当的"锦鲤成长料"。

规模比较大的高档锦鲤养殖场，为节省养殖成本，同时保证锦鲤生长速度和养殖效果，也可以自己加工饲料。人工颗粒饲料主要有两种，一种是沉水性的，一种是浮性的，前者加工设备比较简单，加工工艺简单快捷，加工

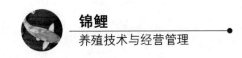
成本低，加工过程中营养损失小，但该类型饲料较难消化，投喂方法不当时饲料浪费较大。后者加工设备比较复杂，加工工艺相对繁杂，加工成本较高，加工过程中营养损失较大（主要是高温破坏维生素），但该类型饲料较易消化，适合快速成长的鱼类。

沉性饲料的加工很简单，所需的设备一般包括：破碎机（或粉碎机）、电动筛、搅拌机、成型机。加工工艺主要为：各种原料分别破碎（或粉碎）——过筛（通过筛网的可进入下一道工序，未通过筛网的回到破碎机继续破碎）——按配方比例将各种原料放入搅拌机搅拌（先干拌均匀后再加水搅拌）——进入成型机挤压成型——晾干。这里介绍两种锦鲤成长期沉性饲料配方：

① 麸皮 38、鱼粉 33、豆饼 15、大麦 8、麦胚 2、添加剂 2、黏合剂 2。

② 豆饼 35、鱼粉 30、麸皮 15、米糠 15、维生素 1、无机盐 1、抗生素下脚料 1、黏合剂 2。

浮性饲料（膨化饲料）加工设备一般包括：破碎机（或粉碎机）、电动筛、搅拌机、膨化机、蒸汽锅炉、成型机。有些小型膨化饲料机不需要配备蒸汽锅炉，膨化和熟化在一体机内完成。

膨化饲料生产工艺流程包括：原料的清理和一次粗粉碎——第一次配料与混合——二次粉碎与二次配料混合——膨化制粒——干燥——包装贮存。

在膨化饲料生产过程中，由于原料经过高温高压处理，维生素会受到较大的破坏，因此往往要在物料经过烘干后，通过外喷涂方式添加维生素添加剂，对于小规模生产而言，外喷涂可用喷雾器完成，先喷水溶性维生素，再喷脂溶性维生素。介绍两种锦鲤成长期膨化饲料配方：

① 次粉 30、鱼粉 40、豆粕 20、酵母粉 5、磷酸氢钙 1.5、盐 0.3、鱼肝油 1、预混料 1.5~2；

② 鱼粉 35，豆饼 25，次粉 20，玉米 5，酵母 3，矿物质 1，蚕蛹 10，鱼

肝油 1，水溶性多维素 0.3。

在加工工艺流程方面，鱼肝油和多维素是在成型并干燥后喷涂的，不能在成型前拌入。

沉性颗粒饲料与膨化颗粒饲料有不同的特点，沉性饲料生产成本低，加工过程中营养物质基本不会发生改变，维生素得以保全，但消化速度慢、消化吸收率较低；浮性饲料（膨化饲料）生产成本较高，加工过程中因高温熟化，其所含蛋白质和淀粉都变得更加容易消化吸收，但同时维生素受到严重破坏，需要在成型干燥完成后再行添加，其消化速度快、消化吸收率高，便于观察摄食情况。

鉴于上述特点，在高档锦鲤第二年鱼种的养殖中，往往会使用膨化饲料较多，以便使鱼每天能吃更多饲料，吸收更多营养，成长更快。下面介绍使用膨化饲料投喂 2 龄锦鲤的操作方法：

清塘蓄水后，应在放鱼前准备好投料框和增氧机（或漩涡风泵），每个池塘设置数个固定投料点，投喂点的数量因池塘面积而异，3~5 亩设 2~3 个，5~10 亩设 3~5 个，每个投喂点应该设一个方框，一般用直径 50 毫米的塑料水管粘结成 3 米×3 米或 4 米×4 米的框架浮于水面，在两个对角各插一枝竹竿防止水平移动。常用的增氧设备是水车式增氧机，一般功率为 0.75~1 千瓦，增氧机的数量因池塘面积而异，3~5 亩设 2 个，5~10 亩设 3~4 个。

选用粗蛋白含量为 35%~40% 的锦鲤成长饲料，每天投喂 3~4 次，投喂时间一般第一餐是 9：00 左右，最后一餐是天黑前 0.5~1 小时，日投喂量为总体重的 4%~6%。正常情况下，如果把日投喂量分为 10 份，按每日喂 3 餐计算，各餐的份额大致是早餐 3.5 份，午餐 2.5 份，晚餐 4 份。但是投喂不是简单的定量投喂，因为锦鲤的摄食量会受到水温、天气、季节、鱼的状态等因素的影响，另外有时投喂量不仅仅取决于鱼能吃多少，还有出于某些原因而控制投喂量的情况。

水温对锦鲤摄食量的影响，大致是 15～30℃，水温越高摄食量越大，15℃ 以下摄食量大幅度下降，10℃ 以下基本停食，而 30℃ 以上摄食量不再增加，基本与 30℃ 持平。

天气对锦鲤摄食的影响主要是因不同天气下的水体溶氧量造成的。天晴时，气压比较高，而且水中的藻类最大限度的进行光合作用，产生大量的氧气，所以水中的溶氧量高，中午到下午溶氧量达到饱和甚至超饱和，这种情况下，锦鲤感觉舒适，新陈代谢旺盛、快速，消化系统工作效率也高，自然摄食量就大。而阴雨天正好相反，气压低造成空气中的氧气溶入水体的速度减慢，同时水体容存氧气的能力，即饱和溶氧量也下降，再加上阳光强度只有晴天的 1/10 左右，浮游植物的光合作用比较弱，产生的氧气很少，所以水体中的溶氧量一定比晴天时大幅度减少，低于使锦鲤感觉舒适的溶氧阈值，这将导致锦鲤食欲下降、消化能力下降的情况。更可怕的情况是，在天气突然由晴转雨的时候，鱼的食欲还没有下降，稍后溶氧和水温的下降造成鱼的新陈代谢减弱，呼吸供氧不足、肠道蠕动大幅度减弱，将对鱼的健康造成重大威胁。所以投喂锦鲤一定要注意天气情况，特别是对天气的变化要提前应对，根据天气的状况及其变化趋势调节投喂量。

季节对锦鲤摄食和饲料投喂的影响是间接的、综合性的，是水温、天气、鱼的生理节律等因素的综合作用而形成的规律。

春季万物复苏、水温上升，许多冷血动物——包括鱼类，都从不吃不喝的冬眠或类似冬眠的状态复苏，开始进食，并且产卵繁殖或为初夏的繁殖集聚营养（寒冷地区繁殖季节晚）。锦鲤的繁殖季节主要在春季，生殖细胞（主要是雌鱼的卵巢）集聚营养主要在秋季。春季开始时，由于水温尚低，锦鲤摄食并不踊跃，而当水温上升到 20℃ 时，已经性成熟的锦鲤（雌性 2 周岁，雄性 1～2 周岁）对繁殖更感兴趣，所以水温 15～20℃ 时是锦鲤食欲逐渐旺盛的时期，此时，不论哪个年龄段的锦鲤，食欲都比较旺盛，按理说应该抓紧时机，加大投饵力度，促进锦鲤快速成长。但是，春季是我国大部分地区的主要降雨季节，天气变幻不定，俗语说"春天孩儿脸，一日变三变"，所以春季投喂锦鲤，一定要注意天气的变化。另外，春季是鱼类细菌性疾病、寄生虫类疾病的多发季节，特别是锦鲤的肠炎病容易发生，而摄食过饱、积食是导致肠炎发生的主要诱因，所以春季喂食切忌过饱。一般，春季即使是晴好天气，也只能喂六七分饱，而阴雨天气，或者倒春寒将要来临时，喂三四分饱就可以了。至于如何判断几分饱的程度，一般还是凭经验，按吃完饲料所花费的时间来估计，一般 10 分钟吃完差不多就是六七分饱，5 分钟吃完就是三四分饱，养殖者可以在实践中摸索和验证。

夏季是锦鲤快速成长的季节，水温高，白昼长，这时对一周岁或以上的锦鲤，应该尽量满足其营养需要，每天最好喂 4 餐，每餐可以喂七八分饱。但是，不同时间的七八分饱的饲料量是不一样的，一早一晚的投喂量往往多些，而午时的投喂量往往少些，这需要养殖者在实践中认真摸索和体会。夏季喂食同样也要注意天气的变化，我国很多地区夏季的降雨往往来得比较突然，饱食之后突然降雨对锦鲤是很危险的，所以阵雨天气还是只喂五六分饱比较稳当，而持续闷热、大雨将临的天气，更要少喂。另外，夏季是锦鲤体长增长最快的季节，也就是骨骼生长比较快的季节，饲料中应含有足够的矿物质，自己加工饲料的锦鲤养殖场，可以考虑在饲料配方中增加 1% 左右的磷酸氢钙。

秋季是各种动物的育肥季节，鱼类也不例外。我国多数地区秋季天气晴朗、水温适宜，是锦鲤生长的理想季节，很多地区在这个季节，锦鲤的生长比夏季更快，特别是锦鲤是以丰满为美的观赏鱼，应该抓紧时机增加营养，使锦鲤更大更丰满。但是，秋天白昼逐渐缩短，没有夏天白天那么长，所以秋季一般每天喂 3 餐，每餐喂八九分饱。另外，由于水温逐渐下降，同样是八九分饱，投喂的饲料量是不一样的，要根据水温下降的程度逐步减量。自

已加工饲料的锦鲤养殖场，可以考虑在饲料配方中适当增加脂肪和 V_E 等。

冬季，对于室外越冬的锦鲤而言，只要锦鲤开口摄食，就尽量满足它们的摄食需求，此季节最好准备一些沉性饲料，水温 10℃ 以上时要在食台和深水区（水最深的地方）投少量饲料。

最后说到鱼的状态与饲料投喂的关系。其实不用细说，多数有养殖经验的人是有体会的，水质不好的时候，锦鲤的食欲会下降，而有新水加入鱼塘时，锦鲤的食欲会明显提高；另外，当池塘中有病害发生时，池塘中锦鲤的总摄食量肯定有所下降，应适当减少投喂量。而且，适当减量也是疾病防治的措施之一。

（3）水质管理

水质管理的目的，就是要保持"肥、活、嫩、爽"的水质，并且保持适当的水深。这一点，与前文"低档锦鲤"水质管理基本一致，但是操作上有一些不同要求。

由于高档锦鲤第二年养殖的密度比较低，所以单位面积投喂饲料的量相对小一些，通常不会因为残饵和锦鲤排泄的粪便造成池塘藻类过度繁衍。也就是说，水不会过肥、不会因发生藻花而变成死水、老水、脏水，水的"嫩、爽"一般不成问题，但是还不足以保证池塘水质处于适当的"肥、活"状态。所以，如果池塘水透明度超过35厘米，或者池塘水色不会发生早午晚的变化，说明池塘内藻类偏少，应该采取措施增加池塘肥力，可以选择采取投放腐熟有机肥或者投放混合无机肥料的办法。

投放肥料要采取少量多次的策略，每星期投放一次，有机肥每次不超过40千克/亩，无机肥每次不超过5千克/亩。无机肥料一般是尿素和磷酸氢钙各一半的混合物，先化水然后泼洒。

另外，夏季每1~2星期冲入新水一次，每次冲水量相当于5厘米水位，即使池塘水不够肥也要冲水，这样可以增加水的活力，更有助于刺激锦鲤的新陈代谢，提高其食欲，促进其生长。

（4）出塘

2龄鱼起捕的操作办法与1龄鱼（当年鱼）相同，不同的是起捕后的挑选和处理。

2龄鱼的去向也是出售和留养两个，这两个去向的鱼各占多少比例，取决于起捕鱼的品质及鱼场的经营策略。一般，如果锦鲤的种质好，2龄之后仍然有比较大的生长潜力，那就尽量多留一些继续养，否则尽量少留。

与1龄鱼大致一样，留养的鱼是质量最好的，出售的是质量差一些的，但是，留养的鱼又有两部分，一部分是留作后备亲鱼的，一部分是留作育成顶级产品的，二者的要求有一些差别。

锦鲤的外在表现受遗传因子和外部因素的共同影响，在锦鲤的一些审美指标中，有些指标受遗传影响大，有些指标受遗传影响小，比如体形。锦鲤长成之后体形是否健壮，遗传因子是基本条件，如果天生体形不好，比如体轴不够端正、胸鳍偏小，那么后天的养殖条件即使再怎么好，都不可能把这些缺点纠正过来。再比如，父母都是小体格类型的，后天再怎么努力，都不可能培育成大规格的锦鲤；而如果遗传因子没有问题，后天养殖管理不当，完全可能养出体形不好的后代。颜色方面，颜色是否浓郁既有遗传因素，也受后天影响，有时后天影响比先天遗传的影响更大，但是在"切边"（指两种不同颜色的色斑之间的界线，界线分明称为有切边，是优秀的品质，界线模糊，两种颜色之间有中间色，是差的品质）方面，遗传因素是决定性的。再如"模样"，即色斑的分布并没有绝对的遗传性，世界上前前后后总共诞生过至少数百亿锦鲤，模样和父亲或母亲一样的真是屈指可数，十条例子都举不出来，不要说模样相同，简单的相似都没有多少。比如父母都是二段红白；稚鱼未必有超过1/10的二段红白，可以说，色斑的位置和形状，基本不能保持和父母一样，甚至"孤雌生殖"（一种特殊的遗传方式，后代只有来

自母本的遗传物质而没有父本的基因）的后代也是如此。所以，挑选后备亲鱼时，模样并不是重要的指标，但是关于色斑分布的有些方面还是要考虑，比如红白锦鲤鳃盖上的红斑或者腹部有大块的红斑，这样的鱼是不可留作亲鱼的。

3. 优质锦鲤第三年的养殖

2龄锦鲤出塘时留下的锦鲤，有一部分是后备亲鱼（并非下一年就用于繁殖），另有一部分是用于养成大规格商品鱼的，都是第三年的放养对象。

有些鱼场会把这两部分的鱼分开来饲养，因为不同的用途或目的对养殖管理提出了不同的要求，比如后备亲鱼不需要养成很漂亮的颜色以及丰满标致的体型，只要个体大、性腺发育好；而大规格商品鱼则要求体形、体色以及规格都非常出色。但是也有一些鱼场由于条件的限制，仍然将这两种不同用途的鱼放在一起培育。

由于本书在第二章繁殖和苗种培育中专门讲述了后备亲鱼培育，此处就按照培育大规格商品鱼的要求来讲述。如果鱼场选择将后备亲鱼和商品鱼一块儿培育，也可以大体上参照这个方法。

（1）养殖条件

采用土池，与其他阶段锦鲤养殖池基本相同。面积3~5亩为好，总深度不小于2.5米，可蓄水深度不小于2米。塘内面护坡表面应光滑平整，不长草，特别是水下不允许有水草。

池底应平坦且向排水口或池外排水渠一端倾斜，池底倾斜坡度一般为1∶100~1∶200。底泥厚度宜为0.1~0.2米。

在冬季塘面结冰的地区，锦鲤不宜在露天池塘越冬，因此如果放养的鱼是在冬季挑选出来的，应暂时养殖于水温不低于4℃的越冬池内，开春后池塘水温上升至10℃以上时才放养。

放养鱼苗前 7~10 天清塘消毒，然后加水至 1.5~2 米，适时适量（冬季除外）投放发酵腐熟的有机肥，使水呈油绿色，透明度 30~40 厘米，待消毒药物药性衰减至对锦鲤无害即可放鱼。

清塘蓄水后，应在放鱼前准备好投料框和增氧机（或漩涡风泵），每个池塘设置 2~3 个固定投料点，每个投喂点应该设一个方框，一般用直径 50 毫米的塑料水管粘结成 3 米×3 米或 4 米×4 米的框架浮于水面，在两个对角各插一枝竹竿防止水平移动。每个池塘设功率为 0.75~1 千瓦的水车式增氧机 2 个，或配备漩涡风泵 1~1.5 千瓦，以沉于水底的硬塑料管每 10~20 厘米开一个孔作为出气口，气管构成网络，覆盖池塘 50% 左右的面积。

（2）放养模式和密度

采用低密度养殖，养殖密度 0.2~0.4 千克/米^2，即 133~267 千克/亩，搭配放养大规格（斤两鱼种）花白鲢鱼种 40~80 千克/亩，规格 500 克以下的凶猛鱼类（鳜鱼、大口黑鲈、乌鳢、胡子鲇等）10 尾/亩左右。

（3）饲料投喂

锦鲤的生长以第一年、第二年最快，第三年开始生长速度下降，特别是体长的增长速度下降明显，种质差的甚至体长增长停滞，一般种质较好的体长可增长 5~10 厘米，体重可增加 0.5~1 千克。根据这一特点，锦鲤养殖第三年饲料投喂量应适当减少，饲料的营养成分也应与前两年有所不同，应侧重肌肉增长、体重增加及体质增强。

根据上述特点，调整膨化饲料配方如下：

鱼粉 35，豆饼 23，次粉 10，玉米 10，酵母 8，麦胚 2，蚕蛹 10，螺旋藻 1，鱼肝油 1，水溶性多维素 0.5。

每天投喂 2~3 次，投喂量根据季节、水温、天气、鱼的状态调整，夏季晴好天气日粮为总体重的 3%~5%，秋季投喂量可稍增加，其他条件下酌减。

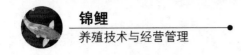

（4）水质管理

这个阶段池塘水质要求与 2 龄锦鲤基本类似，但应保证有比较多的天然饵料，让鱼可以通过摄食藻类等天然饵料达到增加维生素及一些微量天然营养元素（比如与体色有关的 β-胡萝卜素等）。此时，池塘水要求比 2 龄鱼池更肥，透明度 30 厘米左右最好。而由于此阶段养殖密度低，投饵量小，仅靠正常投饵往往不能达到这样的肥度，所以在夏秋两季要适当施肥。最好是投放腐熟的畜禽粪肥，无此条件用氮磷混合化肥亦可。施肥前要认真查看池塘肥度和藻相状况，肥度适当时、水色不好或水面有蓝藻时不可施肥。施肥要采用少量多次的办法，每 7~10 天投放一次，具体操作办法参见"优质锦鲤第二年的（2 龄鱼种）养殖"所述。

养殖期间要每天早晚巡塘，观察水色及鱼的活动状况，发现病死鱼及时捞出、诊断。夏季每半个月冲一次新水（清洁的河水、湖水或水库水），即使池塘水不够肥也不能免除，如果水质状况不佳，需抽出部分池塘水再补充新水，保持水深 2~2.5 米。

第四节　锦鲤运输技术

作为一种观赏鱼，锦鲤的运输要求与水产运输有很大的不同。锦鲤运输不但要保证 95% 以上的成活率，还要保证体表不受伤、不掉鳞、不留后患。锦鲤运输的效果与销售效益直接相关，与引种养殖场的养殖权益也有密切关系，所以锦鲤的运输，也是锦鲤生产经营的关键技术之一。

锦鲤运输所采用的技术方法，与运输距离、季节、锦鲤规格、档次都有一定的关系。

一、短途运输技术

1. 短途运输方法流程

从包装到放鱼，总共耗时在 5 小时之内，都可以视为短途运输。

短途运输的工具通常是汽车。

锦鲤一般步骤是：提前 3 天将鱼放入小水泥池——停食 1~3 天——准备好适当规格的塑料袋——加入 1/4~1/3 袋清洁无残氯的水——装入锦鲤——排除袋内空气并充氧——扎口后码装（高档锦鲤需装入泡沫箱中再码装）——运走。

如果发货地点没有水泥池，最好停食 1~3 天（与鱼的规格有关，规格越小停食时间越短），在打包前，将鱼集中到网目比较小的软网箱（尼龙网或维尼纶网较软，聚乙烯、聚丙烯网则比较硬）里，"吊箱" 3 小时左右，然后才打包。高温而且阳光灿烂的季节，网箱应安放在阴凉的位置，或者另外再加一个遮阴网顶，以避免阳光直射灼伤鱼只。

为提高运输效率，包装用水 0℃以上时温度越低越好，但为了避免温差过大造成强烈的应激反应，包装水的温度比暂养（吊水的水池或者吊箱的网箱）水的温度低 3℃为宜。

使用 50 厘米×90 厘米塑料袋装运时，应根据不同温度和规格，确定每包装运锦鲤的数量（按 6 小时总耗时计）参见表 3.1。

表 3.1　锦鲤短途运输装袋密度（以运输总耗时 6 小时计）

温度（℃）＼体长（厘米）	3~4	9~10	18~20	28~30
10	3 000	600	75	15~20
15	2 000	400	50	15~18

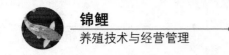

温度（℃） 体长（厘米）	3～4	9～10	18～20	28～30
20	1 200	240	30	10～12
25	700	150	20	6～8
30	400	80	10	3～4

表格中运输密度是用尾数表示的，但是在实际运输当中，10～20厘米的锦鲤，单位体重的耗氧量比较接近，而计算尾数会花费很多的操作时间，所以打包时常常是用鱼和水的比例来估算每袋的包装数量，比如，水温10℃时，每袋鱼的重量大约为水的2倍，而水温30℃时，每袋鱼的重量大约为水的1/4。

2. 短途运输注意事项

此运输方式需要注意的问题是：① 装袋的水要比待运鱼所处的水体水温稍低，不危及鱼体健康的情况下，尽可能低温。为在确保安全的前提下提高运量，可以从暂养开始降低温度。② 塑料袋要套双层，大个体的鱼塑料袋要3层，以防意外破损。③ 包装密度根据水温调整，在保证安全的前提下尽量密度高些。④ 运输途中，夏季需防晒，冬季需防风。⑤ 尽量不要在春季运输大规格锦鲤，特别是不要在春季运输即将产卵的亲鱼。⑥ 运输高档锦鲤时，应该把塑料袋装在泡沫箱内，并且气温较高时应在泡沫箱内放置冰块。

二、长途运输

长途运输一般指从包装到放鱼，总共耗时在5小时以上的运输过程。

锦鲤长途运输的主要运输渠道是汽车运输和民航托运（亦即空运）。长途运输需要在事前做好充分的准备，主要包括针对鱼的准备和运输用水的准备。

1. 停食、吊水

运输前至少 3 天，将锦鲤移入事先准备好的暂养池中，在锦鲤卖场可以直接移入带循环过滤系统的展示池，暂养的密度为 10~50 千克/米³，运输前 3 天开始停止喂食，开始暂养 24 小时后换掉 1/2 的池水。天气炎热时暂养过程中要避免阳光直射，并逐渐降低水温，降温幅度不可太大，24 小时内降温不可超过 5℃，1 小时内水温变化不得超过 2℃。

2. 运输用水的准备

包装运输所用的水必须清洁、低温而且富含溶解氧。最常用的水源是自来水，如起运地点没有自来水，可使用井水或清洁的地表水。

自来水要在包装使用前 2~3 天放入开放式容器（水池、鱼缸或大型蓄水桶等），气泵打气以消除残氯，并在打包前将水温降低至比吊水水池低 2~3℃，如果使用采购来的冰块降温，则需将冰块用塑料袋装好、封口严实后投入水中。

如果水源为井水，首先要确认该井水是安全的，然后将井水引入适当的容器中，置于阳光下暴晒 2 天，期间最好能用气泵打气，使水中溶解氧达到饱和。打包前同样将水温降低至比吊水水池低 2~3℃。

如果水源为地表水（河水、湖泊水、池塘水等），首先然后必须杀菌消毒，可泼洒漂白粉至 1 克/米³ 或强氯精至 0.3 克/米³ 浓度，静置数小时后吸出沉淀物，然后用气泵打气 2~3 天，再放入十几尾锦鲤试养至少 24 小时，确保安全后方可使用。如需降低水温，可以用之前所述的方法。

3. 包装方法及密度

锦鲤运输的主要方式包括航空托运、普通货车专运、冷藏货车专运和客车托运4种主要方式，其中客车托运与航空托运类似。

（1）包装密度

包装密度主要取决于水温和时长，汽车运输一般按正常行驶耗时的1.5倍做预算，而12小时内汽车无法到达的距离，往往不会采用汽车运输。国内航空托运一般按总耗时12小时计算。

锦鲤运输最佳装运水温为5~10℃，每上升5℃装袋密度减少近1/2，表3.2为不同规格锦鲤50厘米×90厘米塑料袋的包装数量，按12小时运输时间计。

表3.2　锦鲤装袋密度（以运输时长12小时计）　　　　　　　　单位：尾

温度（℃）＼体长（厘米）	3~4	9~10	18~20	28~30
10	1 300	250	30	15~18
15	650	130	25	10~12
20	450	90	12	6~8
25	300	60	8	3~4
30	200	40	5	2

（2）包装方法

普通货车长途运输。一般采用塑料袋充氧加泡沫箱保温的方式，具体操作方式是双层塑料袋，水和鱼的总体积约占封口后袋内总容积的2/5。封口时尽量旋紧，使扎口后塑料袋充分鼓胀而有弹性（俗语称"硬包"），再把扎好的包放入与塑料袋形状规格相匹配的泡沫箱。气温高于20℃的季节还有在泡沫箱四角各放300~500克冰块，冰块应该装在小塑料袋内或者直接冻结在矿泉水瓶内,外面再包几层报纸,用以减缓冰块吸热的速度并吸收冷凝水。把箱盖盖好并用胶布沿四周封口,然后码放在车厢内,泡沫箱层与层之间应该错位码放,以便箱子之间相互支撑,减少塌陷和倒卧的风险。

汽车托运的包装,与上述普通货车运输相比,多一层纸箱,套在泡沫箱外,其他与普通汽运一样。增加纸箱的主要目的是提高抗冲击能力,减小破损风险。

航空托运。国内航空运输的包装形式是固定的,一套包装箱由内而外为充氧塑料袋、泡沫箱、大塑料袋、纸箱,塑料袋的规格数量由托运人自定,而泡沫箱、大塑料袋和纸箱为承运的航空公司设计和指定厂商生产销售的"鲜活水产航空包装箱"(套装)。有些航空公司指定的"鲜活水产航空包装箱"有标准和超大两种规格,如所运输的锦鲤全长超过45厘米,建议使用超大规格航空包装箱。

冷藏货车运输。如果采用冷藏货车运输,打包可以比较简便,与短途运输类似,运输前的准备期可能比其他方式运输要长一些,因为最好是能把运输水温降到5℃左右。同时,在运输过程中,车厢内的温度也控制在5℃左右为宜,但是在室外气温高于20℃时,不可用这样低的温度运输锦鲤,锦鲤运输时的水温,绝对不要与运输目的地放鱼的水体相差5℃以上。

三、大规格锦鲤的长途运输

全长超过60厘米的锦鲤,挣扎力量大,跳跃能力强,体格庞大,给长途运输增加了不小的困难。此时,运输质量的重点不在提高效率,而在避免损伤,保证完好。

由于超大规格的"鲜活水产航空包装箱"也无法让大规格锦鲤伸展身体,如果要采用航空运输,应事先与航空货运部门协调,经同意使用加长的航空包装箱,如果无法办理航空托运,可视具体情况选择汽车运输或包机

专运。

不论采取哪种运输方式，包装程序基本相似，停食、吊水、包装水的准备仍按本文前面的方法，但水温 10℃ 以上时，最好使用麻醉剂，常用的麻醉剂是 MS-222 或丁香酚，前者使用的浓度是 30 毫克/升左右（指包装袋内水中麻醉剂的浓度）。加麻醉剂的操作方法是，先把水和鱼依次入袋，然后滴加经稀释的麻醉剂（不要直接滴到头部）并不停搅动水体，鱼的回避游动消失时停止添加麻醉剂，然后立即排掉空气、充氧、封袋。

四、到达目的地后的处理

锦鲤运输到达目的地后，要经过"过水"处理，以便适应新的水质、水温。

运抵后先检查，漏气的或袋内已死鱼的鱼袋应直接拆包，连鱼带水倒入池中，用气石打气，将濒死的鱼救过来。

没有破包或死鱼的氧气袋，直接整袋放在准备放鱼的水体，夏季不要让阳光直射，这样放置半小时至 1 小时，袋内水温和池水趋于平衡，可以解开包，先消毒，然后放鱼。消毒前先倒掉一半袋内的脏水（注意防疫，不要倒在池里或进水渠里），加入等量的池水，加入消毒药剂。消毒药物可选用高锰酸钾 10 毫克/升，浸泡 10 分钟；海盐 3%，浸泡 10 分钟；聚维酮碘 5 毫克/升，浸泡 10 分钟。

过水和消毒结束后，徒手或用神仙网（一种底部开口的抄网，锦鲤捕捉时常用）将鱼捞进池中，包装袋内的水尽量少带入池中。

第五节　锦鲤卖场

锦鲤的销售方式特别，不但和水产品销售方式完全不同，和其他观赏鱼也不一样。

一般的观赏鱼，放在鱼店的玻璃缸里零售，批发则用透明塑料袋充氧，一袋一袋供人挑选。而锦鲤，低档的用大塑料盆装着摆在地上零售（见彩图29），中档和高档的一般都有专门的"卖场"，养在水泥池里供顾客挑选。

锦鲤是适合俯瞰欣赏的观赏鱼，一尾锦鲤的颜色、斑纹基本表现在背部，而泳姿、形态也可以通过俯瞰观察判断。每条锦鲤的斑纹模样各不相同，除非单色锦鲤。两种或两种以上颜色的锦鲤，找不到2条斑纹模样完全一样的。同一档次的锦鲤，不同的人所欣赏的斑纹模样以及色质也不一样，所以人们购买锦鲤往往喜欢一尾一尾地挑选。

低档锦鲤销售的特点，是卖得快、暂养期短、容器小、搬动频繁。操作上一般是每天早上用塑料袋打包几袋或十几袋，从养殖场或暂养场运到零售摊档，然后倒出几袋到塑料盆（箱）中作为样板，顾客可从塑料盆中挑选，或者直接整袋买走，当天没卖完的鱼又运回鱼场或暂养场（见彩图30）。

中档、高档的锦鲤不适合用这种方法零售，一是因为中高档锦鲤一般个体比较大，放在小塑料箱里会影响健康、容易造成损伤，频繁搬动更是容易损伤。而且，中高档锦鲤的销售量没有低档锦鲤那么大，卖得没那么快，需要持续较长时间的一边展示一边卖。所以，中高档锦鲤都是在以水泥池为主的卖场进行零售的（见彩图31和彩图32）。

卖场不仅仅具有展示、零售的功能，还常被用于待发货锦鲤的暂养、吊水，刚出塘的商品鱼的扬色、驯化（锦鲤刚从池塘转入水泥池时不习惯小水体，爱跳跃，消费者喜欢经过小水体适应性暂养的鱼），甚至还作为鱼场苗种筛选分级的场地。因此，对于生产经营中高档锦鲤是非常重要，甚至必不可少的。

锦鲤卖场一般有十几个到几十个长方形水泥池，每个鱼池附带一个过滤间隔，每个过滤间隔内安放大量的毛刷作为生物净化材料；通过一个低扬程

大流量水泵，使鱼池和过滤间隔之间形成水体循环，不断净化鱼池水质，保持鱼池水体清澈，便于观察展示的锦鲤（图3.1）。

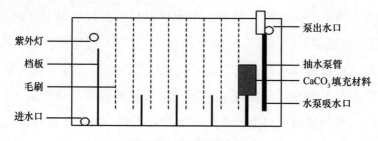

图3.1　过滤间隔示意图

　　卖场水池一般采用钢筋混凝土浇筑成型，少数浅水型的会采用水泥砂浆砌砖批荡的方式砌成，一般单池面积10~100平方米，20~30平方米最常见，深1.5~2.5米，每个池附属的过滤间隔面积约为养鱼区的1/5，上面覆盖木板作为通道或观看鱼的平台，水池上方搭建遮阳雨篷（见彩图33），卖场鱼池平面布局见图3.2。

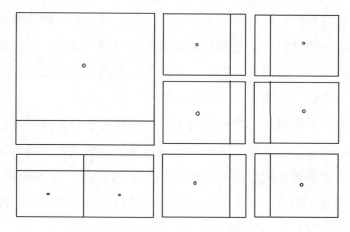

图3.2　锦鲤卖场平面示意图

　　锦鲤卖场一般建在城市近郊，交通便利，却又不被喧闹所影响的地方；或者，如果养殖场本身就在城市近郊，卖场比邻养殖场而建也较常见。甚至，在有些观赏鱼市场的外围，数十家锦鲤经营者们建立起连片的"锦鲤卖场区"——广州花地湾越和花鸟虫鱼市场就是一例。

第四章
病害防治

第一节　病害防治的意义和策略

　　锦鲤是高度近亲化的品种，遗传多样性的减少造成其抗病力下降，疾病容易发生，一旦发病往往造成很大损失。鱼场如果没有控制好病害，经济效益就会受到很大的影响，一个区域如果没有控制好疫情，整个锦鲤产业都会遭受巨大经济损失。

　　养殖锦鲤在病害防治方面，一定要坚持以防为主的策略，尽可能减少疾病发生。要减少发病的几率，主要是以下各方面的措施：保持良好水质，避免使用被污染的水，池之间不要过水串水，拉网操作和搬运时避免损伤鱼体，保持足够的溶氧量，购买来的鱼要先消毒才放池，尽量不混养不同来源的鱼。

第二节 主要疾病及其防治

一、真菌类疾病，主要有水霉病、鳃霉病以及真菌性白内障

1. 症状及病原

水霉病的病原是肤霉菌，主要表现是体表生长棉絮状白毛，鱼体消瘦，发病的起因是水温低并且体表受伤皮肤黏膜被破坏。

2. 流行特征

一般在水温20℃以下发生，主要发病季节为冬春两季。

3. 治疗方法

① 提高水温至30℃（池塘中只好听天由命），用亚甲基蓝2毫克/升（毫克/升）+福尔马林20毫克/升合剂全池泼洒，隔天再用一次，共施药三次。

② 用鱼用中成药，按照药物使用说明，一般为浸泡或浸出液全池泼洒。

③ 白内障有不同的诱因，如果眼睛巩膜上长白毛，就可确诊为真菌诱发的眼病。可以用水霉病方法治疗，也可以用盐水浸泡或患病灶部位涂抹人用癣药膏。

二、指环虫病、三代虫病

1. 症状

两种虫形态及造成的病症都很接近，主要寄生于鳃部和身体表面，病鱼

鳃盖张开，呼吸急促，身体发黑，显微镜检测可见到蛆状透明虫体（见彩图34）。

2. 流行特征

一般在水温 20℃ 以下且缺少光照的水体发生，主要发病季节为冬春两季。

3. 治疗方法

① 晶体敌百虫（含量90%）溶解并稀释后泼洒，使水体最终药物浓度达到 0.2~0.3 毫克/升；

② 亚甲基蓝泼洒，使水体最终药物浓度达到 2~4 毫克/升；

③ 药物泼洒水体，使达到 20 毫克/升甲醛+2 毫克/升亚甲基蓝药物浓度；

④ 用渔用溴氰菊酯溶液全池泼洒使池水呈 0.02 毫克/升浓度，每天一次，连续 3 次。

三、卵甲藻病

1. 病原及症状

嗜酸性卵甲藻属，裸甲藻目，胚沟藻种，嗜酸性卵甲藻为寄生性单细胞藻类。症状：病鱼体表和鳍上出现小白点，黏液分泌增加。严重时小白点布满全身体表和鳃上，白点之间有充血的红斑，尾部特别明显，鱼体表好像粘了一层米粉，故俗称"打粉病"。发病初期：病鱼食欲减退，呼吸加快，精神呆滞，有时拥挤成团，有时在石块或池壁摩擦身体，病重时，浮于水面，游动迟缓。虫脱落后，病灶发炎，溃烂，有的溃疡病灶可深入鱼骨，有的继发感染水霉病，最后病鱼瘦弱，大批死亡。

2. 诊断方法

根据以上症状和养鱼水体 pH 值可以初诊，刮取黏液和白点放在载玻片上，加少量水在显微镜下观察，可以发现大量单胞藻，个体外形为肾形，外有一层透明的纤维壁，体内充满淀粉和色素体，中间有一大而圆的核，即可确诊。

3. 流行特征

本病流行于夏秋两季，酸性的水体，pH 值 5~6.5，水温 22~32℃，主要危害锦鲤的当年幼鱼。

4. 防治方法

防治卵甲藻病应坚持"以防为主，防重于治"的原则，发现病鱼及时治病。

5. 预防措施

① 放养前对池塘养殖水体要进行严格消毒，每亩用 100~150 千克生石灰化水全池泼洒，彻底清塘消毒，待 pH 值保持在 8 左右，后再投放鱼种。

② 在饲养期间，每半个月泼洒一次生石灰，使池水生石灰浓度达到 20 毫克/升，控制池水呈微碱性，pH 值达 8 左右。

③ 发现病鱼要及时隔离治疗，已不可救药的病鱼和死鱼要及时捞出。

6. 治疗方法

用硫酸铜全池泼洒使池水成 0.5 毫克/升浓度，或用 10~12 毫克/升硫酸铜溶液浸洗病鱼 10~15 分钟（视鱼体反应而定），每天 1 次连续 3~4 次。

四、黏孢子虫病

1. 病原

是由原生动物孢子虫纲的黏孢子虫，寄生在鱼的鳃部或体表上。

2. 症状

黏孢子虫主要寄生于锦鲤的鳃部和体表，白色胞囊堆积成瘤状，胞囊寄生部位引起鳃组织形成局部充血呈紫红色或贫血呈淡红色或溃烂。有时整个鳃瓣上布满胞囊，使鳃盖闭合不全，体表鳞片底部也可看到白色胞囊，病鱼极度瘦弱，呼吸困难，缺氧而致死。

3. 诊断方法

黏孢子虫，一般寄生在体表和鳃上，肉眼可看到胞囊，并取出锦鲤鳃上或体表胞囊内含物放在载玻片上，加少量水在显微镜下观察，可发现大量充满视野的黏孢子虫的孢体，形态呈卵形或椭圆形、扁平，前端有 2 个极囊，等大或不等大，即可确诊。

4. 流行特征

主要危害 1~2 龄锦鲤苗种，可引起大批死亡。

5. 预防措施

池塘放养前要排尽水，清理过多的淤泥，有条件的池塘进行冬季晒塘，在锦鲤放养前 10~12 天，每亩用 6.5 千克漂白粉和 100~150 千克生石灰化水全池泼洒，这样可杀灭淤泥中的孢子，以减少此病发生。

不要从发病的鱼场购买苗种，这样可减少发病机会，降低发病率。

6. 治疗方法

① 用 c 型渔用灭虫灵（渔用溴氰菊酯溶液）全池泼洒使池水呈 0.02 毫克/升浓度，每天一次连续 3 次。

② 用 400~500 毫克/升的高锰酸钾溶液浸洗病鱼 25 分钟（水温在 15℃左右），具体浸洗时间视鱼的活动状况而定，每天一次连续 3 次。

五、锚头鳋病

1. 病原

锚头鳋，常寄生于锦鲤的体表鳞片下、鳍基部或鳃部。

2. 症状

锚头鳋以头胸部插入宿主的鳞片下和肌肉里，而胸腹部则裸露于鱼体之外，在寄生的部位，肉眼可见到针状的病原体。发病初期，病鱼呈现急躁不安，食欲减退，体质消瘦，游动缓慢，终至死亡。

3. 诊断方法

将病鱼取出放在解剖盘里，仔细检查病鱼的体表、鳃弧、口腔和鳞片等处若看到一根根似针状的虫体即是锚头鳋的成虫，即可确诊。有经验的人不需要取出虫体，一眼就可确诊。

4. 流行特征

主要发生在鱼种阶段，一年四季皆可发生。

5. 预防方法

每亩用生石灰 100~150 千克进行清塘，杀死水中锚头鳋幼虫和带有成虫的鱼种和蝌蚪。

6. 治疗方法

① 可用 90% 晶体敌百虫全池泼洒，使池水呈 0.5~0.7 毫克/升，能有效地杀死锚头鳋成虫。

② 病情严重时可用"杀虫王"全池泼洒使池水呈 0.3 毫克/升，每天一次连续 2 次。

③ 用 B 型"灭虫灵"全池泼洒使池水呈 0.5 毫克/升，每天一次连续两次。

六、头槽绦虫病

1. 病原

九江头槽绦虫。

2. 症状

病鱼体表黑色素沉着，身体瘦，不摄食但口常张开，称为"干口病"。严重时，病鱼前腹部膨胀，剖开鱼腹，可明显地看到前壁异常扩张，有的由于肠内虫体数量很多，造成机械堵塞。

3. 诊断方法

解剖鱼体，检查前肠扩张部位，可见白色带状虫体，即可确诊。

4. 流行情况

发病时间多在夏季。

5. 治疗方法

① 用90%的晶体敌百虫化水全池泼洒使池水呈0.3毫克/升，同时用晶体敌百虫按3%的比例制成药饵连续投喂3天。

② 每万尾鱼种用南瓜子0.5千克，槟榔0.5千克共研成粉末与1千克米糠及1千克面粉混合制成药饵，1天投喂1次，连续3~5天。

七、小瓜虫病

1. 病原

多子小瓜虫（见彩图35）。

2. 症状

小瓜虫病又叫白点病，患鱼全身遍布小白点，严重时因病原对鱼体的刺激导致患鱼分泌物大增，患鱼体表形成一层白色基膜。

3. 诊断方法

显微镜观察病灶部位黏液的涂片，可见到瓜籽状的原始单细胞生物。

4. 流行特征

小瓜虫在低温、缺少光照时容易发生，因此冬季越冬的鱼以及初春刚从温室转移出室外养殖的鱼最容易患病。水温高于30℃时不会发生此病。主要

危害对象主要是鱼苗、鱼种，很多种鱼类都会感染此病，不光是锦鲤，热带鱼更容易患上此病。

5. 预防措施

① 保持适当的水温，避免越冬水温过低。

② 越冬鱼提早入温室，避免在水温低时捕捞、搬运。

③ 低温季节避免可能对鱼体表黏膜造成伤害的操作。

④ 使用对黏膜没有伤害的药物如聚维酮碘、氟哌酸进行鱼体消毒。

⑤ 尽可能使温室照到一些阳光。

6. 治疗方法

① 将水温提高到30℃，同时加盐使水体盐度达到5。

② 亚甲基蓝化水后泼洒，每立方米用量为2~3克。

③ 大蒜素水体泼洒，每立方米用量为2~3克。

④ 在保证水温不剧烈变化的条件下，让鱼在20厘米的水位下晒太阳或紫外灯照射，每天1小时，连晒3天。

八、车轮虫病

1. 病原

车轮虫，是一种原生动物（单细胞动物）。

2. 症状

同一水体大批的鱼同时身体发黑，体表黏液增多，在水表层缓游，扒开鳃盖可见到鳃部黏液多、颜色不正常、部分鳃组织受到破坏。病症严重者表皮发炎糜烂、大批死亡。

3. 诊断办法

刮取体表和鳃部黏液，在显微镜下观察，可见到直径仅数十微米的车轮状原生动物。

4. 发病规律

车轮虫病一年四季都可发生，5—8月为流行季节。主要危害对象以一周岁以下的鱼为主，一年以上的鱼较少受到伤害。

5. 预防措施

预防车轮虫病主要有以下几条措施：① 保持良好水质，做到"肥、活、嫩、爽"；② 不施用未经腐熟发酵的粪肥；③ 定期用广谱消毒药如漂白粉、生石灰等进行水体消毒。

6. 治疗方法

① 硫酸铜与硫酸亚铁合剂（5∶2）水体泼洒，剂量为0.7毫克/升。

② 福尔马林水体泼洒，剂量为20~30毫升/米^3。

③ 苦楝树枝叶熬汁泼洒，用量50克/米^3，或将苦楝树枝叶捆扎投放水体内浸泡。

九、指环虫病

1. 病原

指环虫，是一种蠕虫。

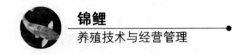

2. 症状

身体发黑、呼吸急促、体表黏液增多，在角落扎堆缓游，扒开鳃盖可见到鳃部黏液多、颜色不鲜艳、部分鳃组织受到破坏。

3. 诊断办法

剪取部分鳃丝，压片在显微镜低倍目镜下观察，可见到一端固着另一端扭动或蠕动的透明小虫，虫体中央有指环状组织。

4. 流行特征

指环虫病是影响和危害最大的蠕虫类鱼病之一，其影响和危害范围是最大的，不论从地域还是对象鱼的种类等方面看都是很广泛的。各种养殖鱼类，包括各种观赏鱼，都是该病的侵害对象，而小型鱼、鱼苗一旦受侵害，死亡率比较高。

活跃的季节是春末夏初，适宜水温为 20~25℃。

5. 预防措施

指环虫的预防主要是一方面调控好水质，另一方面鱼苗鱼种下塘前用 20 毫克/升高锰酸钾浸泡 15~30 分钟。

6. 治疗方法

① 高锰酸钾 20 毫克/升浸泡 15~30 分钟。

② 晶体敌百虫 0.2~0.4 克/米^3 全池泼洒（注：有些鱼类对敌百虫很敏感，如脂鲤类的很多种类忌用此药。未试验过用此药的观赏鱼应先小规模试验，另外，多数养殖鱼类的药量上限是 0.3，没把握时不可突破此限）。

③ 氯氰菊酯 0.015 克/米^3 全池泼洒。

十、中华鳋病

1. 病原

中华鳋，是一种鳃部寄生虫。

2. 症状

患鱼躁动不安，整天在水面游动，食欲减退，呼吸困难，最明显的特征是尾鳍上翘，尾鳍上叶常露出水面之外。

3. 诊断办法

取活鱼掀开鳃盖，可见到患鱼鳃部有微小的白点，大约 2 毫米长，鳃丝有局部的肿胀、发白甚至缺损。显微镜观察这些白点可见到小型甲壳类生物（形态类似水蚤）。中华鳋是一种桡足类，有多个种类，最典型的代表是鲢中华鳋，该鳋长度 1.9~2.7 毫米，体形很像丰年虾，头胸部宽，腹部明显收细。

4. 流行特征

中华鳋病是寄生虫类烂鳃病的典型代表，在我国流行甚广，长江流域、珠江流域是该病多发区。该病的流行季节在长江流域是 5—9 月，在珠江流域是 4—11 月。该病主要危害 1 龄以上的大鱼。

5. 预防措施

中华鳋病一方面每年开春放养前用生石灰清塘消毒，杀死虫和虫卵；另

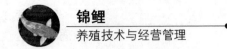

一方面，放养的鱼先用 10 毫克/升的高锰酸钾浸泡 15 分钟消毒。

6. 治疗方法

① 晶体敌百虫全池泼洒，剂量 0.3~0.5 克/米³。

② 硫酸铜硫酸亚铁合剂（5∶2）全池泼洒，剂量 0.7 克/米³。

③ 溴氰菊酯或氯氰菊酯全池泼洒，剂量按药物使用说明书。

十一、洞穴病（烂肉病）

1. 病原

鱼害黏球菌，是一种革兰氏阴性菌。

2. 症状

早期病鱼食欲减退，体表部分鳞片脱落，表皮微红，外观微微隆起，随后病灶出现出血性溃疡，从头部直至尾柄均可出现。有的病灶酷似打印病，其溃疡可深及肌肉至骨骼内脏，如同一个洞穴，故称洞穴病。发病快，病程持续时间较长（见彩图 36）。

3. 流行特征

每年 9 月至翌年 5 月为流行期，初冬水温为流行盛期，主要危害 2 龄及 2 龄以上成鱼和产卵亲鱼。

4. 预防措施

① 经常投喂鲜活生物饵料，增加饲料营养，提高对穿孔病的抗病能力。

② 合理密度放养，水中溶氧量最好保持在 5 毫克/升左右，避免鱼浮头，

以增强抗病力。

4. 治疗方法

全池泼洒土霉素使池水呈 0.2~0.3 毫克/升,第 3 天用中草药"五倍子"和"地丁草",每立方米水体各用 3 克煎汁全池泼洒,隔天"五倍子"和"地丁草"再用一次,效果显著,可治愈。

十二、细菌性出血病

1. 病原

嗜水气单胞菌,短杆菌,为革兰氏阴性菌。

2. 症状

病鱼眼眶、四周鳃盖、口腔、各鳍条基部充血,有时下颌充血,腹腔内结缔组织或脂肪充血,并伴有腹水,肝脏淡红色。

3. 流行情况

发病高峰期 7—9 月,鱼种成鱼都有发病,水质差的水体更易发生,发病急,死亡率高。

4. 防治策略

要坚持"以防为主,治疗为辅"的原则,注意观察池鱼情况,做到早发现、早治疗。

5. 预防措施

定期用生石灰全池泼洒,使池水呈 20~25 毫克/升。

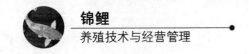

6. 治疗方法

① 用三氯异尿酸钠全池泼洒，使池水药物浓度达到 0.4 毫克/升。

② 用中草药大黄浸液连续泼洒 2 天，使池水药物浓度达到 2 毫克/升。

③ 用 10 千克灰茎辣蓼（粉碎后温水浸泡）均匀拌在 100 千克饲料中，晾干，于下午 15：00—16：00，按鱼体重 5%投喂，连喂 2~3 天。

十三、疱疹病毒病

这是一种令锦鲤养殖业者闻之色变的"瘟疫"，近 10 年来，每年给世界养鲤业造成的过亿元的损失。

1. 病原

鲤疱疹病毒（KHV），一种 DNA 病毒。

2. 症状

体表有溃疡，皮肤黏膜被破坏而失去光泽，局部皮下充血、鳍膜不同程度糜烂末梢鳍丝裸露、鳃组织局部坏死，常见鳃部有火柴头大小的脓样坏死物、眼球下凹。一条病鱼往往不是全部症状都有（见彩图 37 和彩图 38）。

3. 流行情况

世界各地都有发生，据说最早是在以色列发现的。水温 13~29℃是发生条件，在这个温度范围以外，即使携带病毒的鱼体也不会出现症状。在我国南方，发病季节是 11 月至翌年 5 月。进口的第一代日本锦鲤容易发生，"土炮"免疫力稍强。

4. 预防措施

秋季末开始，经常投喂清火类中草药拌的药饵，有效的中草药是："板蓝根三黄散"、"大黄粉"、"四黄粉"。每 1~2 星期投喂一天。

5. 治疗方法

① 将水温提高到 30℃，鱼用聚维酮碘泼洒使水体达到 1 克/米³ 的浓度。

② 投喂中草药药饵，连续一星期，同时鱼塘泼洒聚维酮碘泼洒使水体达到 1 克/米³ 浓度，连续泼洒 3 天。

③ 500 克/米³ 浓度聚维酮碘浸泡患病鱼 30 秒，每天一次连续 3 天。

十四、鲤春病毒病（又称为鲤鱼病毒性败血症）

1. 病原

是鲤弹状病毒。

2. 症状

患鱼群集于入水口处，体色发黑发暗，虚弱至无力维持身体平衡，体表及鳃部有瘀斑性出血点，肛门红肿充血，挤压有脓血流出，个别个体眼球突出。

3. 流行特征

危害对象是鲤鱼，包括锦鲤，可以在普通鲤鱼和锦鲤之间相互传染，发病季节多为春季，水温升至 20℃ 以上即很少发生。

4. 预防措施

越冬结束时投喂清火类中草药拌的药饵，有效的中草药是："板蓝根三黄散"、"大黄粉"、"四黄粉"，连续喂 3 天以上，同时用聚维酮碘全池泼洒一次，使水体达到 0.5 克/米³ 的浓度。

5. 治疗方法

① 将水温提高到 20℃ 以上，鱼用聚维酮碘泼洒使水体达到 1 克/米³ 的浓度。

② 投喂中草药药饵，连续一星期，同时鱼塘泼洒聚维酮碘泼洒使水体达到 1 克/米³ 浓度，连续泼洒 3 天。

③ 500 克/米³ 浓度聚维酮碘浸泡患病鱼 30 秒，每天一次连续 3 天。

十五、感冒症（又名昏睡病）

1. 病原

不详，疑为鲤感冒病毒。

2. 症状

鱼静伏池底、很少游动，表皮可见血丝，特别是白色皮肤位置血丝尤其明显，患鱼食欲减退甚至消失，除此之外几乎没有其他症状。患鱼不会迅速死亡，如果没有采取治疗措施，一段时间后会零星死亡。

3. 发病规律

锦鲤感冒多发时期是每年 3—5 月和 9—12 月，亦即季节转换、温度剧变的时期，在养殖过程中较少发生，在搬运、长途运输之后最常发生。与年龄、规格没有明显关系。

4. 预防措施

① 转换锦鲤养殖场所时注意前后两池及运输时的温差，如果温差超过 2℃，就必须经过至少半小时的过水、同温，才能进入下一环节。

② 在感冒多发季节每 10 天左右时间全池泼洒聚维酮碘杀灭病毒，剂量 0.5 克/米^3。

③ 感冒流行季节间插投喂板蓝根大黄粉拌制的药饵，药和饲料的比例为 1：1 000。

④ 新搬运来的鱼用聚维酮碘溶液浸泡消毒（剂量参考疱疹病毒预防一节），同时，纳鱼池加食盐至 3~5 浓度。

5. 治疗方法

① 1%食盐溶液浸泡 20 分钟，每天一次，连用 3 天。

② 聚维酮碘全池泼洒，剂量 0.5~1 克/米^3。

③ 板蓝根大黄散浸泡 12 小时后全池泼洒，用量 2~3 克/米^3。

十六、赤皮病（赤皮瘟）

1. 病原

荧光假单胞菌。

2. 症状

大范围的皮肤充血、发炎，躯干两侧症状尤其明显，鳍基充血发炎，鳍

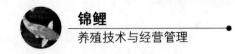

条末梢腐烂、鳍间膜被破坏致使鳍丝散乱而且参差不齐（见彩图 39 和彩图 40）。

3. 诊断方法

赤皮病与细菌性出血病、疖疮病的症状都有相似之处，须结合多方面观察比较才能确诊。简单地说，出血病的充血是肌肉充血，赤皮病的充血是在皮肤；另外，出血病患鱼烂鳍情况不如赤皮病严重，而疖疮病的病灶面积没有赤皮病那么大，局部的溃疡比赤皮病严重。

4. 流行特征

传染性很强，传播非常快，赤皮病一年四季都可能发生，季节性不很明显，但是春末夏初比其他季节更多出现。其发病原因是水体致病菌过多、外伤感染造成炎症的扩散、B 族维生素缺乏造成的皮肤免疫力低下等。

5. 预防措施

预防措施与其他细菌性疾病类似，包括下列几方面：

① 搬运操作时尽量避免鱼体受伤。

② 保持良好水质。池塘养殖应保持水质的"肥、活、嫩、爽"，每隔 1~2 周冲一次新鲜水；鱼缸或小水泥池则要求水体清澈、基本没有悬浮物，配置功率适当的高效过滤装置，使水体内非离子氨、亚硝酸盐都控制在 0.01 毫克/升以下。

③ 保持水体内充足的溶解氧，养殖水体中溶氧应不低于 5 毫克/升。

④ 控制适当的放养密度，这不但有利于保持优良水质，也可适当减少疾病的传染扩散。

⑤ 经常投喂一些锦鲤所喜食的鲜活饲料，避免因长期摄食维生素偏少的

颗粒饲料导致的皮肤非特异性免疫力下降。

⑥ 每半个月泼洒一次水体消毒剂杀菌消毒，每次放入新鱼也做一次水体消毒。水体消毒的药物及剂量是：漂白粉 1 克/米^3；或二氧化氯 0.2~0.3 克/米^3；或三氯异氰脲酸 0.3 克/米^3；或 50%季铵盐碘 0.5 毫升/米^3。

6. 治疗方法

赤皮病一旦发生，必须立即采取药物治疗，用药方式主要为泼洒（或浸泡）和口服，具体如下：

① 全池（缸）泼洒漂白粉，剂量为 1 克/米^3。

② 全池（缸）泼洒二氯异氰脲酸钠，剂量为 0.3 克/米^3。

③ 全池（缸）泼洒季铵盐碘（50%含量），剂量为 0.5 克/米^3，连用2 天。

④ 全池泼洒恩诺沙星粉（含量 5%），剂量为 2 克/米^3。

⑤ 磺胺药拌饵料投喂，每千克鱼每天喂药量为 50~100 毫克，连喂一星期。

⑥ 恩诺沙星粉或诺氟沙星粉拌饵料投喂，每千克鱼每天喂药量为 50~100 毫克，连喂 4~5 天。

十七、腹水症

1. 病原

不确定，有可能此病只是细菌性败血症的一种亚型，或仅仅是细菌性败血症的一种症状。

2. 症状

腹部异常膨大，与肥胖完全不同。肛门红肿、可挤压出少量黄色液体，

鳃丝苍白，严重时身体失去平衡，腹部朝上，用针刺入腹腔可抽出大量黄色液体（见彩图 41 和彩图 42）。

3. 流行特征

季节性不明显，2 龄以上的锦鲤感染率较高。

4. 防治策略

这是一种慢性疾病，病程比较长，鱼不会很快死亡，但是治疗难度大。病因很可能是水质不好，水体内致病菌数量过多，肝肾等器官感染细菌所致，所以应采取预防为主，早发现早治疗的策略。

5. 预防措施

定期用生石灰全池泼洒，使池水呈 20~25 克/米^3。

6. 治疗方法

① 用三氯异尿酸钠全池泼洒，使池水药物浓度达到 0.4 毫克/升。

② 用中草药大黄浸液连续泼洒 2 天，使池水药物浓度达到 2 毫克/升。

③ 用 10 千克灰茎辣蓼（粉碎后温水浸泡）均匀拌在 100 千克饲料中，晾干，于下午 15：00—16：00，按鱼体重 5% 投喂，连喂 2~3 天。

④ 用注射器抽出腹腔积水直至抽不到为止，然后向腹腔注射庆大霉素或青霉素，每天一次，直至症状消失。

十八、竖鳞病

1. 病原

竖鳞病又叫立鳞病、松鳞病、松球病，也是一种很常见的细菌性鱼病。

2. 症状

患鱼全身鳞囊发炎、肿胀积水，鳞片因此几乎竖立，鳞片之间有明显缝隙而不是正常鱼的鳞片那样紧贴，整条鱼看上去比正常的鱼肥胖很多。所以，竖鳞病更科学的称谓应该是鳞囊炎（见彩图43）。

3. 诊断方法

竖鳞病可以肉眼诊断，凡是鱼全身的鳞片不紧贴身体，看上去鳞片之间有明显的缝隙，就可以确诊为竖鳞病。关键点是，竖鳞是全身性的，其他的炎症可能造成局部鳞片松散，那不能算竖鳞病。

4. 流行特征

竖鳞病发生的规律主要有三点：一是无鳞鱼不会发生，而有鳞片的淡水鱼几乎任何种类都有可能发生；二是温度偏低时容易发生，发生在春季较多，但其他季节同样会发生；三是水质不良或鱼体外伤也会诱发此病。

竖鳞病的传染性不强，但是同一水体内的同一种鱼可能会有多条鱼同时发病，因为它们有同样的发病条件。

5. 预防措施

① 经过长途运输的鱼要进行体表消毒。
② 尽量避免水温起伏。
③ 保持良好水质，避免氨氮、亚硝酸态氮超标。
④ 露天鱼池每半个月进行一次水体消毒，药物和剂量同细菌性烂鳃病预防一样。

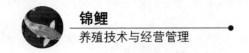

6. 治疗方法

① 3%食盐水浸泡鱼体 10 分钟，每日 1 次连用 3 天。须注意有些鱼不能承受，浸泡时要注意观察，随时终止。

② 碘制剂（包括季铵盐碘、聚维酮碘、络合碘等）泼洒水体，含有效碘 1%的该药物使用剂量为 0.5 克/米^3。隔天再用 1 次。

③ 水体泼洒漂白粉 1 克/米^3，或二氧化氯或二氯异氰脲酸钠或三氯异氰脲酸 0.2~0.3 克/米^3，隔 2 天后再施用一次。

④ 每立方米水体泼洒青霉素 500 万国际单位，或氟苯尼考 0.5 克。

⑤ 氟苯尼考或磺胺二甲氧嘧啶（SDM）拌饲料投喂，药量按每千克鱼体每天 100 毫克。

⑥ 腹腔注射硫酸链霉素，每千克鱼体 10 万国际单位。

⑦ 肌肉注射青霉素钾，每千克鱼体 10 万国际单位。

十九、细菌性烂鳃病

1. 病原

柱状黄杆菌。

2. 症状

① 呼吸急促；② 鱼体发黑失去光泽，头部尤其乌黑；③ 揭开鳃盖可见到鳃部黏液过多、鳃的末端有腐烂缺损、鳃部常挂淤泥；④ 病情严重时鳃盖"开天窗"，即鳃盖上的皮肤受破坏造成鳃盖中部透明；⑤ 高倍显微镜下观察可见到大量的柱状黄杆菌。

细菌性烂鳃与寄生虫性烂鳃、病毒性烂鳃相比，最明显的特征是鳃部挂淤泥（见彩图44）。

3. 流行特征

主要发生在生产季节，春夏最为常见，因此危害较大；几乎所有鱼类都有发生此病的可能，影响面广。该病有一定的传染性，一旦发生就不会是个别现象。该病容易在水质差、过肥、经常缺氧的水体发生。

4. 预防措施

预防细菌性烂鳃病的关键是水质调控，池塘养殖应保持水质的"肥、活、嫩、爽"，水色油绿色至茶色，且会在一天中不同时段呈现不同颜色的水，透明度25~35厘米，这是好水的基本特征。水泥池则要求水体清澈、基本没有悬浮物，配置功率适当的高效过滤装置，使水体内非离子氨、亚硝酸盐都控制在0.01毫克/升以下，保持水体内充足的溶解氧，控制适当的放养密度，春夏季节每半个月泼洒药物杀菌一次，常用药物及达到的浓度是：漂白粉1克/米^3；二氧化氯0.2~0.3克/米^3；三氯异氰脲酸0.3克/米^3；或按照药物使用说明书所嘱施用。

5. 治疗方法

细菌性烂鳃病是锦鲤常见病、多发病，但是治疗并不困难。一般采用水体泼洒药物的方式，有很多杀菌药物都是有效的，最常用的药物治疗方法是以下几种（每一条是一个独立的处方）：

① 全池泼洒漂白粉1克/米^3，或二氧化氯或二氯异氰脲酸钠或三氯异氰脲酸0.2~0.3克/米^3，隔2天后再施用一次。

② 全池泼洒季铵盐碘，含有效碘1%的该药物使用剂量为0.5克/米^3。

③ 全池泼洒聚维酮碘，含有效碘1%的该药物使用剂量为0.5克/米^3。

④ 中草药治疗：大黄，或乌桕叶（干品），或五倍子等，剂量 2~5 克/米^3，煮水泼洒。

二十、烂尾病

1. 病原

温和气单胞菌、嗜水气单胞菌、豚鼠气单胞菌、柱状屈桡杆菌。

2. 症状

发病初期尾鳍边缘和尾柄可看到黄色黏性物质，接着开始充血、发炎、糜烂，严重时尾鳍烂掉，尾柄糜烂露出骨骼（见彩图 45）。

3. 流行特征

烂尾病发生的季节性不是特别明显，但高温季节较多发。

烂尾病诱发的原因是水温（或 pH 值）的急剧变化影响了微循环，从而造成尾鳍末梢的细胞坏死，继而在细胞坏死部位细菌繁衍，向未坏死的细胞发展，造成进一步的炎症发生。尾鳍长的鱼较容易发生此病。

4. 预防措施

① 露天水泥池养鱼，夏季一定要加盖遮阳网，避免阳光直晒水面而造成表层水温过高。

② 夏季池塘喂鱼应避开水表层温度最高时段。

③ 避免高温季节的长途贩运。

④ 高温季节万一不能避免长途贩运，应缓慢地降温，在 25~28℃的水温中运鱼，到达目的地后再缓慢回升温度，避免水温的急剧变化。

⑤ 新鱼到达后应缓慢地过水，使鱼对水温、水质的变化有充分的适应时间。

⑥ 水体在放鱼后，加入适量消毒剂进行鱼体、水体消毒，杀灭细菌、预防炎症。

5. 治疗方法

烂尾病一般采用外用药水体鱼体消毒的办法，以下每一条都是一个独立的处方：

① 全池（缸）泼洒恩诺沙星，剂量为 0.5~1 克/米^3；保持水体内药物浓度 3~4 天。

② 全池（缸）泼聚维酮碘，剂量为 0.5 克/米^3；保持水体内药物浓度 3~4 天。

③ 10%氟苯尼考粉拌药饵，每千克饲料 2~3 克，1 天 1 次，连喂 3~5 天。

④ 复方磺胺甲恶唑粉拌药饵，每千克饲料 9~12 克，1 天 1~2 次，连喂 5~7 天。

二十一、腐皮病（打印病）

1. 病原

嗜水气单胞杆菌、点状产气单胞菌点状亚种、柱状屈桡杆菌等。

2. 症状

① 体两侧后腹部靠近肛门的位置，或身体两侧各有一块硬币至印章大小的病灶；② 病灶初期是浅表性的红色炎症，之后鳞片脱落，烂及深处直至内

脏。病灶鲜红色，而且形状、大小接近印章，故民间常称其为打印病（见彩图46）。

3. 流行特征

这种病发生在成年鱼较多，且一年四季都有可能发生，但以夏秋高温季节为甚。腐皮病有一定的传染性，同一水体常常同时有大量鱼染病。

4. 预防措施

腐皮病的预防重点在于水质，清新而富氧的水体内一般不会发生此病。具体做法：

① 搬运操作时尽量避免鱼体受伤。

② 保持良好水质。池塘养殖应保持水质的"肥、活、嫩、爽"，要求水体透明度35厘米以上；每隔1~2周冲一次新鲜水；鱼缸或小水泥池则要求水体清澈、基本没有悬浮物，配置功率适当的高效过滤装置，使水体内非离子氨、亚硝酸盐都控制在0.01毫克/升以下。

③ 保持水体内溶解氧不低于5毫克/升。

④ 每半个月泼洒一次水体消毒剂杀菌消毒，每次放入新鱼也做一次水体消毒。水体消毒的药物及剂量是：漂白粉1克/米^3；或二氧化氯0.2~0.3克/米^3；或三氯异氰脲酸0.3克/米^3；或50%季铵盐碘0.5毫升/米^3。

5. 治疗方法

一般采用外用药水体鱼体消毒的办法，以下每一条都是一个独立的处方：

① 生石灰发开后化水全池泼洒，剂量为75克/米^3，4~5天后再泼洒一次。

② 全池（缸）泼洒漂白粉，剂量为1克/米^3，4~5天后重复一次。

③ 全池（缸）泼洒二氯异氰脲酸钠，剂量为 0.3 克/米^3，4~5 天后重复一次。

④ 氟苯尼考、恩诺沙星等抗生素拌饲料口服，每千克饲料 9~12 克，每天 1~2 次，连喂 5~7 天。

二十二、白皮病（白尾病）

1. 病原

柱状嗜纤维菌、白皮假单胞菌、鱼害粘球菌。

2. 症状

开始时在尾柄部位出现的一小块白斑，逐渐向四周扩散，面积不断增大，直至身体后半段——从背鳍、臀鳍相对的位置一直到尾鳍基部都变成白色，尾鳍因受炎症的影响而无法运动，严重时头朝下尾朝上，头部乌黑而亡。

3. 诊断要点

在白皮周围或下面覆盖的部位，并没有细菌性疾病所常见的充血、水肿或炎症的现象，这些白色的皮肤组织似乎和身体没有了联系，独自坏死一般。

4. 流行特征

主要发生于 6—8 月高温季节，一旦发病，发展非常迅速，鱼染病到死亡只有 2~3 天时间，死亡率高达 50% 以上。

5. 预防措施

与一般的细菌性鱼病的预防方法类似，也是从水域环境、鱼体自身两方

面入手：

① 搬运操作时尽量避免鱼体受伤。

② 水质调控，池塘养殖水质应保持"肥、活、嫩、爽"，油绿色至茶色，会在一天中不同时段呈现不同颜色的水，透明度 30～35 厘米；鱼缸或小水泥池则要求水体清澈、基本没有悬浮物，配置功率适当的高效过滤装置，使水体内非离子氨、亚硝酸盐都控制在 0.01 毫克/升以下。

③ 保持水体内充足的溶解氧，可抑制水体内厌氧菌的繁衍，并提高鱼的免疫力。

④ 6—8 月间每半个月药物泼洒杀菌一次，常用药物及达到的浓度是：漂白粉 1 克/米^3，二氧化氯 0.2～0.3 克/米^3，三氯异氰脲酸 0.3 克/米^3，或按照药物使用说明书所嘱浓度。

⑤ 高温季节在食场挂药篓，篓子内放广谱性杀菌药比如氯制剂或碘制剂。

⑥ 不要向池塘投放未发酵的粪肥。

6. 治疗方法

白皮病的治疗方法与细菌性烂鳃病相同。

二十三、细菌性肠炎

1. 病原

肠型点状气单胞菌。

2. 症状

肠炎病症状是：患病鱼体表发黑，头部尤甚，食欲减退，肛门红肿，粪便水样或黏液状，腹部膨胀、腹部鳞片松弛，轻压腹部有脓状黏液流出。解剖可见体内症状：腹腔积水，肠道膨胀充满黏液或水而无食物、肠道壁变薄而且充血，而肠道后半部充血发炎尤其明显（见彩图 47）。

3. 诊断

核对上述症状就可以基本判断了。确诊此病的最可信方法是检测外观症状符合的患鱼的肝、肾、血中的病原菌，如果是点状气单胞菌就可确诊了。

4. 流行特征

细菌性肠炎是鱼类的多发病、常见病，几乎各种养殖鱼类都存在发生此病的可能，此病传染性不强，有一定的季节性，春夏季节较多见。

5. 预防措施

① 喂食时注意饲料的新鲜、干净。

② 春季每星期投喂一次含大蒜素 0.1% 或含恩诺沙星 0.05% 的药饵。

③ 春夏每半个月药物泼洒杀菌一次，常用药物及达到的浓度是：漂白粉 1 克/米^3，二氧化氯 0.2~0.3 克/米^3，三氯异氰脲酸 0.3 克/米^3，或按照药物使用说明书所嘱浓度。

6. 治疗方法

① 恩诺沙星拌料投喂，每 100 千克鱼每天喂 2~5 克药，连喂 3 天。此法仅对症状轻微的初期感染有效。

② 全池泼洒漂白粉 1 克/米^3 或二氯异氰脲酸钠 0.3 克/米^3。

③ 全池泼洒生石灰，用发好的生石灰化成乳液状均匀泼洒，生石灰用量为 20~30 克/米^3 水体。

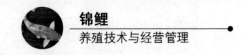

④ 全池泼洒大蒜素 2 克/米^3。

⑤ 中草药泡汁，每亩池塘用苦楝树叶 35 千克，扎成数捆投入池塘任其汁液蔓延全池。

第五章
经营策略与成功实例

　　选择生产高档、中档、低档不同档次产品时，需具备的条件以及采取的经营策略，不同经营策略下成功的实例。

　　在我国观赏鱼市场，锦鲤产品有高中低档次之分，不同档次的锦鲤各占一部分的市场份额，锦鲤养殖场或养殖户也往往选择某一个档次的锦鲤产品作为自己的主要生产目标。

　　接触过锦鲤市场的人都知道，锦鲤不同档次的价格极为悬殊，低档锦鲤全长 20 厘米左右的商品鱼，每尾的价格只有几元钱而已，而高档锦鲤，同样规格价格至少几百元。而且，真正遗传性状优良、生长潜力大的高档锦鲤，鱼场是不会拿出来卖的，市场上卖的高档锦鲤，全长 40 厘米的价格已过千元，而全长 65 厘米以上的，通常价格过万元。

　　既然高档锦鲤这么值钱，为什么还有人会选择生产和经营低档、中档的锦鲤，原因是多方面的，一方面是高档锦鲤的生产要求一定的条件，不是谁想生产就能生产出来的。首先要有优质亲鱼，亲鱼的遗传基因不好是不可能繁殖出好鱼苗的。其次还要会配种，雌雄两条优质亲鱼也不一定能繁殖出好鱼苗，有些鱼表面上看不错，但是遗传基因不好，或者两条亲鱼的遗传基因

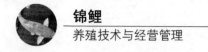

不是互补，也不是协同的，而是某些性状的基因相互排斥、抑制，那么后代的遗传性状就不会很理想。再次还要有较高的技术，包括繁殖（配对）、亲鱼培育、鱼苗选别、各阶段的养殖管理等方面的技术；另外还要有好的环境条件，包括水质、池塘底质、气候条件等。另一方面，高档锦鲤的成材率是很低的，在亲鱼质量、养殖技术、环境条件都比较理想的条件下，一对亲鱼一年繁殖的数十万鱼苗，第一次挑选就要淘汰 80% 左右，再经过二选、三选，到 6~7 厘米能放养大塘的不过 1 万尾左右。第一年过后，可以留下来继续养殖的优质品不过几百到一千来尾而已；而长到 60 厘米，仍然不差于亲鱼品质的，有个位数就不错了，一尾都没有也不稀奇。要不是这样，高档锦鲤也不会这么贵。还有，生产高档锦鲤要有比较雄厚的财力，还要有销售渠道——如果委托他人销售，收入缩水一半都不止，那还怎么能赚钱？

目前我国的锦鲤市场，按年销售数量分割，低档锦鲤占 80% 左右，中档锦鲤占 20% 左右，高档锦鲤 1%~2%；按销售额分割，低档锦鲤占 20%~30%，中档锦鲤占 40% 左右，高档锦鲤 30% 左右，可谓三足鼎立。而市场的走势，是经济发达地区、有锦鲤消费历史的地区，锦鲤消费趋向高档化，而中小城市、锦鲤消费新市场，则将由低档锦鲤率先占领，所以三足鼎立的局面在我国锦鲤市场将持续一段时间。

第一节　低档锦鲤的经营策略与实例

一、经营策略

生产经营低档锦鲤的门槛不高，首先是技术要求不高，有一点水产养殖经验的人都可以很快掌握；其次是资金投入不多，相同的面积投入成本与水产养殖相差无几；再次是场地条件要求不高，能养四大家鱼的池塘就能养低档锦鲤。

但是，要通过生产经营低档锦鲤赚钱，也并非轻而易举的事情，还要有一定的条件。

1. 养殖场应该靠近低档锦鲤消费市场

锦鲤不论什么档次，都是观赏鱼，而观赏鱼运输必须保证其成活而且毫无损伤，所以观赏鱼的运输成本一般都比较高。长途运输常常要走空运，成本就更高，低档锦鲤如果经过空运才能到达零售市场，那几乎注定是要亏损的。

所以，如果在刚刚兴起锦鲤消费市场的地区，建立低档锦鲤养殖场，进行低档锦鲤生产经营，不但有销售的便利，还会因为高昂的运输费阻挡养殖历史较长的地区过剩的生产能力对市场的冲击，保证低档锦鲤有一个比较高的价格。

在锦鲤消费历史比较长久的地区，低档锦鲤仍然有一定的市场，但以生产低档锦鲤为目标的养殖场要想赚钱是很困难的，利润是微薄的，因此这些地区的锦鲤养殖场更多的是以生产中档锦鲤为赚钱的主要途径。但是，这些中档锦鲤养殖场同样有大量的低档锦鲤产品，从数量上说低档产品甚至多于中档产品，而他们并不靠低档产品赚钱，面对以生产低档锦鲤为主的鱼场，就有很大的优势，他们不惧怕价格竞争，而这些地区低档锦鲤往往是供大于求的，价格竞争最具有杀伤力。

在锦鲤领域，不论是消费还是生产，都有一个相同的趋势，就是对更高品质的追求。消费者开始时由于对锦鲤的鉴赏和养殖技术都不是很懂，养了一段时间后，由于对锦鲤有一定程度的关注，见识提高的，技术也提高了，信心也比较强了。这时往往会觉得自己以前买的锦鲤品质太差，羞于示人，连自己看都觉得无趣，自然会更换品质更好的锦鲤来养。生产者方面，产品

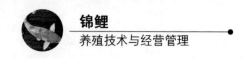

上一个档次价值增加几倍甚至几十倍，而且生产低档锦鲤赚钱越来越难，所以每个锦鲤生产者都希望自己的产品档次越来越高。此时，他们就会每年花费相当一部分的收入来购进质量更好的亲鱼，不断提高自己生产的锦鲤的品质。

综合以上的原因，低档锦鲤的生产场只适合建立在锦鲤消费市场形成历史较短的地区。

2. 掌握技术，以低成本博取高产量

有了一定的技术，就能保证养殖场或养殖户以较低的成本，取得较高的产量。首先要有锦鲤人工繁殖技术，因为锦鲤的苗一般价格比较贵，如果依靠买鱼苗来养殖低档锦鲤，成本太高，而且苗的质量甚至数量都没有保证，风险比较大。其实锦鲤人工繁殖与普通鲤鱼差不多，很容易掌握，人工繁殖这方面的难度在于亲鱼的培育、挑选和配对，而这些有难度的技术对于生产低档锦鲤来说却不是必须掌握的。另外一个必须掌握的技术是初等的选鱼技术，鱼苗放大塘之前必须把一些"废品"（比如畸形鱼、白瓜、乌鼠）淘汰，否则浪费饲料还降低了产量。还有一项就是高产技术，和鲤鱼高产养殖技术比较接近，与"四大家鱼"高产养殖技术有明显差别。

总而言之，生产经营低档锦鲤（见彩图48）的策略是：① 选择靠近锦鲤消费新市场的地点；② 用较低的成本争取最大的产量；③ 尽可能将产品直接销售给消费者。

二、生产经营实例

1. 低档锦鲤经营实例 1

天津某养鱼户，200×年，养殖低档锦鲤第二年，自产自销。

养殖条件：池塘 5 口，总水面 32 亩，劳动力 3 人（包括养殖户自家 2 人和 1 名雇工），固定资产主要有：值班及储物仓一座 50 平方米，增氧机 8 台，饲料投喂机 12 台。

渔场在上年度从广东购进年龄 2 周岁规格 45~55 厘米的 A 级锦鲤 50 尾，作为后备亲鱼，这一年都发育成熟了。3 月将雌雄分开，分别放养于不同的池塘。

渔场于上年底在池埂上建了 2 间水泥池，各 30 平方米，深 1.5 米，半高型（一半露出地面），各自带有过滤间隔。水泥池上架设了的棚架，夏天盖遮阳网，冬天盖薄膜。

4 月底进行人工繁殖，采用注射催产药剂自然产卵的办法，产卵场所是网箱。网箱是机织网片缝制的，规格为 4 米×4 米×1.5 米，悬挂在准备用做育苗池的池塘中，网箱底在水面下 80~90 厘米，网箱中间悬挂一些人工鱼巢。共催产了红白锦鲤 11 组，大正三色 3 组，黄金锦鲤 2 组，秋翠锦鲤 1 组。注射催产激素后的亲鱼放入产卵网箱，每个网箱不超过 3 组，不同品种不入同一网箱。

产卵完成后将亲鱼移走，网箱和鱼巢留在原地孵化，网箱内用气泵增氧。共获得受精卵约 350 万粒，出苗约 300 万尾。

鱼苗分在 3 个池塘培育，育苗池总面积约 21 亩。初期用豆浆泼洒投喂，10 天后改用豆粕和花生粕混合匀浆投喂，5 月底开始挑鱼，持续时间有 10 多天，合格鱼苗共有 120 万尾左右。由于数量远超自己鱼场放养的需要，就用鱼筛将合格的鱼过了一遍，大的按 1.5 万尾/亩的密度放入 4 口鱼塘，面积共 27 亩，合格的小的鱼苗全部集中放在一口池塘和 1 个水泥池，以便随时出售，结果前前后后总共卖掉了大约 18 万尾。

4 口放养较大鱼苗的池塘，放养后头两个星期用鱼苗破碎料投喂，之后改用适口粒径的沉性鲤鱼颗粒饲料投喂，用草鱼投料机，分散式小流量的投

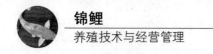

喂方式，早餐和晚餐每次投料时间延续 1 个小时，午餐投料延续时间半小时。那 1 口囤积小鱼苗的池塘，同样是一日投喂三顿，头一个月一直是用破碎料投喂，一个月后改喂沉性鲤鱼颗粒饲料。

9 月开始卖那 4 口池塘的鱼，4 口塘轮流拉网出鱼，每星期拉一口塘，筛出一两万尾大的放在水泥池，每天运一部分到市场出售，有大客户需要量大的，就临时专门拉网。

10 月底，没卖完的鱼集中到一口池塘，水泥池放 1 万～2 万尾随时出售。

11 月底，当年鱼基本卖完，一共卖出 15～20 厘米的低档锦鲤约 28 万尾。

鱼场收支情况见表 5.1 和表 5.2。

表 5.1　鱼场支出情况表

科目	数量	单位	费用（元）	备注
塘租	32	亩	32 000	平均 1 000 元/亩
亲鱼	30	尾	15 000	平均 500 元/尾
饲料 1	0.5	吨	1 500	豆粕等
饲料 2	21	吨	79 800	沉性颗粒饲料，3 800 元/吨
电费	6 000	度	3 000	当地电价 0.5 元/度
工具			3 000	网具、鱼桶等
药品费			5 000	含催产激素、清塘和病害防治药品
固定资产折旧			18 500	房舍及水泥池按 10 年，机械按 3 年计算折旧费
销售费			38 000	摊位租金、电费及运费等
劳务费	12	月	18 000	
合计			213 800	

表 5.2　鱼场收入情况表

科目	数量（万尾）	金额（万元）	说明
15~20 厘米锦鲤	28	65	以每尾 2~3 元为主
3~5 厘米锦鲤	18	3.3	0.15~0.3 元/尾
收入合计		68.3	
毛利		46.92	

分析：该鱼场养殖技术并无特殊之处，技术应用、生产流程与一般低档锦鲤养殖场基本一样，产量也是正常的，之所以能以 32 亩的总水面获得 46.9 万元的毛利，最重要的原因，是自己掌握了销售渠道，大部分产品直接卖给消费者，这样，不但保证了产品的价格，也起到了增加产量的作用，因为如果是交货给批发商，往往是下半年某个时候，整塘的鱼出货，而 9 月开始分批次的出货，降低了存塘鱼的密度，加快了存塘鱼的生长，因而获得更高的产量。而价格方面，低档锦鲤的出塘交货价通常只有市场售价的一半，如果不是自己直接销售，收入将减少 30 多万元，鱼场的毛利就只有十几万元了，勉强够养殖户给自己开工资。

2. 低档锦鲤生产经营实例 2

广东省开平市养鱼户王××，200×年，养殖低档锦鲤第三年，塘边交货，多数卖给广州的批发商，少量出售给当地鱼店。

养殖条件：土质池塘 3 口，总水面 15 亩，水泥池 2 个，小水泥池 10 个，共 600 平方米，管理者 1 人，长期雇用劳动力 2 人，固定资产主要有：值班及储物仓一座 50 平方米，增氧机 3 台，大型水泵 2 台。

4 月初进行人工繁殖，采用注射催产药剂自然产卵的办法，以水泥池为产卵池，池底铺黑色遮阳网、水池中悬挂人工鱼巢。共催产了红白锦鲤 5 组，大正三色 3 组，黄金锦鲤 2 组，白泻 1 组。注射催产激素后的亲鱼放入面积

20 平方米、蓄水 60 厘米的小水泥池，每个池不超过 3 组，不同品种不入同一产卵池。

产卵完成后将亲鱼移走，产卵池沿用为孵化池，换水 90%，每个产卵池保留受精卵 15 万左右，多出的受精卵全部移入大水泥池孵化，所有孵化池内用气泵增氧。共获得受精卵约 180 万粒，出苗约 150 万尾。

鱼苗离开鱼巢水平游泳后，大水泥池的鱼苗就地培育，小水泥池的鱼苗用密网收集，放入 2 个土塘培育。

2 个土塘总面积约 11 亩，事先清塘消毒，蓄水 50 厘米，在投放鱼苗前 3 天投入了大草和鸡粪，放鱼时水色油绿，透明度约 30 厘米。鱼苗下塘后第 3 天开始用豆浆泼洒投喂，10 天后改用花生粕匀浆投喂，4 月底鱼苗长到 2.5 厘米，出售了 25 万尾未经挑选的鱼苗。

5 月初鱼苗已长到 3 厘米左右，开始挑鱼，持续时间约 10 天。除去卖出的鱼苗，此时约有 100 万尾左右鱼苗供挑选。先用鱼筛筛出个体最大的鱼苗，从中选出 2 万尾，每个大水泥池各放 1 万尾，然后从中等规格的鱼苗种选出质量合格的 15 万尾，放养在 3 口土塘，平均密度 1 万尾/亩。剩余的鱼苗全部作饲料鱼出售。

鱼苗放养后头两个星期用鱼苗破碎料投喂，之后改用适口粒径的膨化饲料 1#生鱼料（广东人称乌鳢、斑鳢为生鱼）投喂，每日 3 餐，一个月后改喂 2#生鱼膨化饲料。

大水泥池的鱼 6 月底开始出售，此时规格（全长）约 8~10 厘米，陆续卖到 10 月。

10 月初土塘开始出鱼，此时平均规格约 15 厘米。3 口土塘轮流分批分次拉网出鱼，因此时水温最适合锦鲤生长，开始时控制了出塘数量，11 月底之后放开控制，3 口土塘的鱼全部卖完。

年底统计卖鱼情况，一共卖出夏花鱼苗（2.5 厘米）25 万尾，销往本地鱼店（9~18厘米）3.5万尾，交货给广州的批发商（15~25厘米）约6 500千克。

鱼场收支情况见表5.3和表5.4。

表5.3　鱼场支出情况表

科目	数量	单位	费用（元）	备注
塘租	16	亩	20 000	平均1 250元/亩
亲鱼	30	尾	15 000	平均500元/尾
饲料1	0.5	吨	1 800	黄豆、花生粕等
饲料2	8.5	吨	47 600	生鱼膨化饲料，平均5 600元/吨
电费	5 000	度	5 000	当地电价1元/度
工具			2 000	网具、鱼桶等
药品费			3 000	含催产激素、清塘和病害防治药品
固定资产折旧			500	机械按3年计算折旧费
劳务费	24	月	38 400	平均工资1 600元/月
合计			133 000	

表5.4　鱼场收入情况表

科目	数量	金额（万元）	说明
夏花鱼苗	25万尾	2.5	1 000元/万尾
本地销售9~20厘米	3.5万尾	6.5	1~3元/尾
卖给批发商（15~25厘米）	6 500千克	10.4	16元/千克
收入合计		19.4万元	
毛利		6.1万元	

分析：该鱼场养殖技术并无特殊之处，由于采用肉食性鱼类膨化饲料，鱼苗生长比较快，单产比较高。当地为县级市，锦鲤消费市场小，消费水平低，鱼场能取得6.1万元的微薄利润，还多亏了当地能出售一部分产品，而

且距离广州 140 千米，勉强能够把产品都销出去。广州及珠江三角洲地区是我国最早开始锦鲤生产和消费的地区，目前锦鲤的生产和消费日趋高档化，除非有能力直接销售，否则生产低档锦鲤的鱼场很难维持。

第二节　中档锦鲤的经营策略与实例

一、经营策略

在锦鲤领域，不论是消费者还是生产者，更高的品质是共同追求，所以发育比较成熟、历史较长久的锦鲤消费区，消费者会越来越多的倾向于中档、高档的产品。生产者方面，生产低档锦鲤赚钱越来越难，生存空间越来越小，而中档产品市场越来越大，原先的低档锦鲤生产场会越来越多地转向生存中档锦鲤。

锦鲤生产者选择什么档次的产品为自己的经营方向，取决于市场、资金、技术、人才。如果产品定位于高档锦鲤，首要在中档锦鲤市场比较大的地方进行生产经营活动。目前，我国大中城市都是中档锦鲤的市场。资金、技术、人才方面，中档锦鲤的要求比高档锦鲤低，这三个因素中最重要的还是技术，生产者如果没有掌握锦鲤育种和养殖方面的核心技术，切不可盲目追求高档锦鲤，在资金充足的情况下，中档锦鲤却是不错的选择。

一旦选择了中档锦鲤（见彩图 49）作为主要产品，要想取得好的经营业绩，可以考虑这样的策略：① 选择靠近锦鲤消费市场比较大的地点；② 在质量和产量之间达到合理的平衡，不要过分追求质量，也不能单纯追求产量；③ 必须有自己的卖场，把产品直接销售给消费者。

二、生产经营实例

广东省广州市白云区某镇，养鱼户冼××，201×年，养殖中档锦鲤，养殖锦鲤经验 10 年左右，生产的锦鲤在卖场零售为主。

养殖条件：土质池塘 13 口，总水面 85 亩，塘边水泥池 6 个，卖场水泥池 8 个，共约 400 平方米，管理者 2 人，长期雇用劳动力 5 人，固定资产主要有：办公室、工棚及储物仓一座共约 200 平方米，面包车 1 辆，池塘增氧机 20 台，大型水泵等若干。

1 口 3.5 亩土塘用于养殖亲鱼和后备亲鱼，5 口土塘共约 35 亩用于养殖 2 龄鱼，7 口鱼塘共约 45 亩用于养殖当年鱼苗。

鱼场的亲鱼多数是未成熟时就从高档锦鲤养殖场购买来的，约半数据说是日本原种，约 1/4 是日本锦鲤的子一代，鱼场自留后备亲鱼培育的只有 1/4 左右，鱼场习惯将 6 龄以上雌鱼、4 龄以上雄鱼出售，因此每年都要买进一些后备亲鱼，维持 100 尾亲鱼、50 尾后备亲鱼的规模。每年冬天当年鱼和 2 龄鱼出售一部分之后，有空的池塘，这时会将雌雄亲鱼分开，分别在不同池塘培养。

4 月初进行人工繁殖，采用注射催产药剂及干法人工授精的办法，受精卵泼洒在人工鱼巢上，置于水泥池中孵化，孵化时打开气泵增氧。当年春季共做了二批次人工繁殖，共催产了红白锦鲤 12 组，大正三色 4 组，秋翠锦鲤 2 组，孔雀锦鲤 2 组，黄金锦鲤 2 组，白泻 2 组。共获得受精卵约 500 万粒。

孵化池面积为每个 20 平方米，每个孵化池放受精卵 20 万粒左右，出苗约 400 万尾。

鱼苗离开鱼巢水平游泳后，用密网收集，放入准备好的土塘培育。采取不同品种分开放养的方式，每个鱼塘只放养 1 个品种，同时，原则上每亩水面放养量不超过 10 万尾，但是不同品种放养密度上限略有差别：白泻为 15 万尾/亩，黄金为 6 万尾/亩。

鱼苗下塘后第 3 天开始用豆浆泼洒投喂，10 天后改用花生粕匀浆投喂，20 天后用鱼苗混合饲料投喂，根据水色适当补充花生粕（浸泡充分后匀浆泼

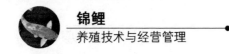

洒）。

白泻品种鱼苗长到全长 15 毫米进行第一次挑选，用密网将全塘鱼苗拉起，在原塘架设密网箱，鱼苗全部起水进入网箱后，先将网箱头顶水的鱼苗保留，不顶水的鱼苗淘汰。然后过筛，将最小的 10%～20% 的鱼苗也淘汰掉，接下来就是一尾一尾地挑，保留那些身上（任何部位，包括鳍）有黑斑、黑点的鱼，将全身白色或透明无色的鱼苗淘汰，保留的鱼估算数量后放回原塘。估算数量的方法是打标准杯，然后量总杯数。估算数量的目的一是为了对一选淘汰率心中有数，二是为以后投喂饲料做参考。

5 月初鱼苗已长到 3 厘米左右，白泻品种进行二选，其他品种进行一选，采取一口一口鱼塘选择的办法，先准备一口空塘，加好水，然后开始挑选，全场选鱼持续时间 10 多天。此时约有 300 万尾左右鱼苗供挑选。由于准备用来养殖当年鱼的鱼塘共有 7 口，总面积 45 亩，考虑到正式放养前还要进行二选，所以一选计划保留的鱼苗数量大约为 100 万尾。

先用鱼筛筛出个体最大的鱼苗，除白泻和黄金品种外，其他品种全长 4 厘米以上的鱼苗都按照选留标准挑选之后，留下的鱼全部放养在同一口鱼塘，体质最弱不顶水的鱼苗直接淘汰，筛选出来最小的 10%～15% 也淘汰，中等规格按照选留标准挑选，保留率控制在 40% 左右，仍然采取单品种放养的模式。清出一口塘之后，这口塘的水放干，每亩用 1 千克漂白粉化水泼洒，杀死塘底水坑里的残余小鱼并杀菌，泼洒后过四五个小时加水，把死鱼捞掉，加好水之后即可用于放养下一口鱼塘选留的鱼苗。

选留的鱼苗下塘后第 2 天开始投喂，仍然投喂鱼苗破碎料。第一轮选鱼完成后过一星期，开始第二轮选鱼，此时鱼苗全长已经达到 5～6 厘米。第一选筛出来的最大的个体，仍然在原塘继续养，不进行第二次挑选，黄金品种同样。这一次选鱼不用过筛，先直接淘汰不顶水的弱鱼，然后一尾尾挑选。按照放养计划，选留的鱼放养密度是 5 000～6 000 尾/亩，所以要保留23 万～

27 万尾鱼苗，选留率为 30%（淘汰七成）。

经过二选后的鱼苗，改用适口粒径的膨化饲料 1#生鱼料（广东人称乌鳢、斑鳢为生鱼）投喂，每日 4 餐，一个月后改喂 2#生鱼膨化饲料，每日 3 餐。

第一选筛选出来的大规格鱼苗，7 月底已经长到全长 12～15 厘米，全部起水，共有 3.5 万尾，从中选出颜色体形都比较好的 500 多尾继续养殖，其余全部运到卖场出售，空出来一口鱼塘，鱼场从红白品种当年鱼中分出 2 万尾个体最大的放入。

在养殖当年鱼的同时，35 亩 2 龄鱼继续养殖。由于当地气候温暖，冬季这些 2 龄鱼已经按照生产放养模式入塘，总放养量约 2 万尾，开春前每天中午投喂饲料 1 次，阴雨天或寒潮降温时停止投喂，开春后水温上升到 20℃时改为每天喂 2 次，水温上升到 25℃时改为每天喂 3 次，投喂的饲料主要是 3#生鱼膨化饲料。

养殖中期，即 7 月、8 月两个月，全场大规模预防性泼药各 1 次，使用的药品为聚维酮碘。

为保证卖场常年有鱼卖，同时避免集中上市的价格低谷，当年鱼和 2 龄鱼都陆续上市，当年鱼是每口鱼塘轮流出一部分鱼，2 龄鱼则开始时主要从一口塘出，这口塘提前一个月开始投喂扬色饲料，而到 10 月，所有 2 龄鱼都开始投喂扬色饲料。

到 12 月底，当年鱼售出了 60%，选留翌年养殖的鱼种 3.5 万尾，出塘规格以 23～25 厘米为主，2 龄鱼售出了约 60%，出塘规格以全长 35～40 厘米为主，剩下的鱼数量与上年度留下的相当，当年的产量与总销量基本持平。

年底统计卖鱼情况，一共卖出当年鱼（全长 12～28 厘米）18 万尾，2 龄鱼（35～40 厘米）1.9 万尾。

鱼场收支情况见表 5.5 和表 5.6。

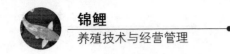

表 5.5　鱼场支出情况表

科目	数量	单位	费用（元）	备注
塘租	120	亩	180 000	按水旱地总面积计算，1 500 元/亩
卖场租金			240 000	20 000 元/月
亲鱼	40	尾	200 000	平均 5 000 元/尾
饲料 1	4	吨	15 000	黄豆、花生粕等
饲料 2	35	吨	196 000	3#生鱼膨化饲料，平均 5 600 元/吨
饲料 3	54	吨	351 000	2#生鱼膨化饲料，平均 6500 元/吨
饲料 4	6	吨	63 000	扬色饲料，10 500 元/吨
电费	35 000	度	42 000	当地电价 1. 20 元/度
燃油	4 300	立升	34 400	当时平均油价约 8 元/升
工具			5 000	网具、鱼桶等
药品费			21 000	含催产激素、清塘和病害防治药品
固定资产折旧维修			35 000	水泥池按 10 年，机械按 3 年计算折旧费
劳务费	6	人	168 000	管理者 1 人月薪 4 000 元，养殖工 5 人月薪 2 000/人
合计			1 529 400	

表 5.6　鱼场收入情况表

科目	数量	金额（万元）	说明
当年鱼（全长 12~28 厘米）	18 万尾	270	单价 10~30 元/尾，平均 15 元/尾
2 龄鱼（35~40 厘米）	1.9 万尾	380	单价 100~300 元/尾，平均 200 元/尾
淘汰的亲鱼及后备亲鱼	40 尾	12	平均 3 000 元/尾
收入合计		662	
毛利		509	

　　分析：该鱼场年毛利超过 500 万元，在中档锦鲤经营者中属于比较好的。鱼场经营成功的关键是，第一，有比较好的销售渠道。卖场设在中心批发市

场旁边，不但可以直销给零散客户，还可以接洽外地的锦鲤经销商，销售渠道的畅通也为保证销售价格提供了支持。第二，鱼场重视种质，舍得在亲鱼与后备亲鱼方面投入重本。第三，养殖场水源质量好，加水重视病害预防，使养殖场避免了重大疫情的发生，保证了锦鲤的产量和生长速度。

第三节　高档锦鲤的经营策略与实例

一、经营策略

高档锦鲤的消费群与中、低档锦鲤不同，高档锦鲤是奢侈品。高档锦鲤的经营不但包括提供产品，还要提供服务。

经营高档锦鲤的条件是：对市场的把握、充足的资金、全面而成熟的技术、技术和经营两方面的人才。

高档锦鲤（见彩图 50）的经营策略是：努力追求产品质量，要舍得为提高或保证产品的优质而花钱；不但要提供好的产品，还要提供售前、售中和售后的优质服务；不但要掌握生产技术，还要有庭院鱼池设计、庭院养殖等相关服务所需要的技术；更要直接销售自己的产品和服务。

二、生产经营实例

广东省佛山市顺德区某镇，鱼场建于 1995 年，鱼场主陈先生，经营高档锦鲤，养殖锦鲤经验 20 年左右，生产的锦鲤在卖场及网上零售为主，兼营锦鲤鱼池设计及相关器材的销售。

养殖条件：土质池塘 10 口，总水面 50 亩，卖场水泥池 40 个，共约 1 500 平方米，管理及技术人员 4 人，长期雇用劳动力 8 人，固定资产主要有：办公室、会客室、工棚及储物仓一座共约 200 平方米，鱼场专用汽车 2 辆，潋

涡风泵 20 台，大型水泵等若干。

早期主要经营方式为进口各种规格日本锦鲤进行飚粗（又称标粗，南方水产养殖界习惯用语，指对鱼苗育种进行短时间强化培育，以尽快获得更大规格的鱼种）或暂养驯化，然后投向国内市场。大约 2001 年开始，尝试用日本原种亲鱼进行繁殖，起初仅尝试红白、大正三色和黄金锦鲤 3 个品系，后逐渐增加品系，直至成功繁殖和培育所有 13 个大品系。

201×年，鱼场的池塘安排是：3 口土塘共约 18 亩用于养殖亲鱼、后备亲鱼和 3 龄鱼，3 口土塘共 18 亩用于养殖 2 龄鱼，4 口鱼塘共约 14 亩用于育苗并养殖当年鱼苗。每年繁殖育苗时期，鱼场会挪用一口 2 龄鱼池塘暂时充当育苗池，待当年鱼苗挑选放养完成后，再把合并到其他池的 2 龄鱼放回来。

鱼场每年繁殖 2 个批次，第一批次通常在 2 月底至 3 月底，主要繁殖红白、大正三色，第二批次是在 4 月中上旬，繁殖各个需要的品系，红白和大正三色视第一批次繁殖和育苗情况而定，非主流品系如秋翠、白泻、茶鲤、黄金、白金、孔雀品系等，两年轮换繁殖一批。

繁殖采取 1∶1 配对，人工授精的办法。有时因为有特别优秀的雄鱼，会反过来用 1 尾雄鱼配 2 尾雌鱼。亲鱼选择比较严格，一般雌鱼 4~6 龄，全长 70 厘米以上，体形丰满健硕，色质浓郁，雄鱼 3~4 龄，全长 60 厘米以上，体形健壮，色质浓郁。

鱼场育苗时期采取高淘汰率快速培育的方式，通过尽快降低鱼苗密度，保证其较快生长。对多数品种，全长 2.5 厘米就开始挑选，全长 3~4 厘米第二次挑选，全长 6 厘米第三次挑选后池塘放养，直至年底出塘。特殊的品种采用相应的特别方式进行挑选，比如昭和三色，鱼苗孵化出膜 3 天就第一次挑选，没有黑色素的透明苗全部淘汰，然后到 3 厘米左右在进行第二次挑选，正式大塘放养时已经过四次挑选。

一般的常见品种如红白与大正三色等，第一次挑选淘汰 70% 左右，第二次挑选也是淘汰 70% 左右，第三次挑选则淘汰 90% 左右。第二次挑选和第三次挑选所淘汰的鱼，基本都能卖出去，价格分别是 1 500 元/万尾和 3 000 元/万尾。

第一批繁殖的鱼苗，5 月初已经完成 3 次挑选，放土塘饲养。

第二批繁殖的鱼苗，5 月底至 6 月中旬已经完成挑选，留养的鱼苗按规格分塘饲养，不同品系可混合。

鱼场一贯采用低密度养殖方式，其目的不仅仅是为了保证鱼的生长速度，更重要的是保证鱼的生长潜力完全发挥，最终能够长成 75 厘米以上的大鱼。因此鱼场设定的养殖密度是 1 龄鱼（当年鱼）1 000 尾/亩，2 龄鱼 300 尾/亩，3 龄及以上鱼（包括亲鱼及后备亲鱼）100 尾/亩。

除鱼苗早期采用豆浆、花生粕及碎粒状鱼苗料投喂外，4 厘米以上所有锦鲤都采用相应规格的锦鲤专用膨化饲料投喂，每天投喂 4 餐。鱼塘采用漩涡风泵连接塑料管的方式增氧，另外，鱼场有一个蓄水池，专门处理外河抽进来的河水，经过消毒、沉淀、曝气、物理过滤之后供应池塘，而卖场暂养池一般采用自来水。

鱼场重视病害防治，人员进入鱼场、卖场都要经过鞋底消毒，购进的鱼一般养殖在隔离池并经过消毒，隔离观察一段时间后才放入相应的鱼池。每年 4—5 月池塘泼洒杀虫药（一般为阿维菌素或甲苯咪唑）、消毒杀菌药（聚维酮碘或有机碘）各一次，6—9 月每月泼洒消毒杀菌药（聚维酮碘或有机碘）一次，每天早晚巡塘，发现病鱼死鱼立即诊断处理。

总计这一年，鱼场售出自产锦鲤有：二选淘汰苗 55 万尾，三选淘汰苗 12.5 万尾，1 龄鱼（28~36 厘米）7 000 尾，2 龄鱼（45~55 厘米）约 3 200 尾，3 龄及以上鱼（60 厘米以上）约 1 300 尾。

鱼场（包括卖场）养殖经营（不包括器材销售和鱼池工程）投入产出的大致情况见表 5.7 和表 5.8。

表 5.7　鱼场支出情况表

科目	数量	单位	费用（万元）	备注
塘租	90	亩	45	按水旱地总面积计算，5 000 元/亩
亲鱼	50	尾	75	平均 15 000 元/尾
饲料 1	3	吨	1.2	黄豆、花生粕等
饲料 2	23	吨	17.9	锦鲤成长料，平均 7 800 元/吨
饲料 3	5	吨	5.25	扬色饲料，10 500 元/吨
电费	270 000	度	32.4	当地电价 1.20 元/度
燃油	8 500	升	6.8	当时平均油价约 8 元/升
工具			0.8	网具、鱼桶等
药品费			2.5	含催产激素、清塘和病害防治药品
固定资产折旧维修			24	水泥池按 10 年，机械按 3 年计算折旧费
人员工资	12	人	86.4	管理、技术人员 4 人月薪 12 000 元，养殖工 8 人月薪 3 000 元
营销费用			30	无精确数据。包括参加 3~4 次锦鲤比赛或展览、广告、使用网络资源进行销售及宣传等
合计			327.25	

表 5.8　鱼场收入情况表

科目	数量	金额（万元）	说明
出售二选淘汰苗	55 万尾	8.25	1 500 元/万尾
出售三选淘汰苗	12.5 万尾	3.75	3 000 元/万尾
出售当年鱼（28~36 厘米）	7 000 尾	70	单价 50~150 元/尾，平均 100 元/尾
出售 2 龄鱼（45~55 厘米）	3 200 尾	256	单价 500~1 000 元/尾，平均 800 元/尾
出售 3 龄以上鱼	1 300 尾	650	平均 5 000 元/尾
收入合计		988	
毛利		660.75	

　　分析：鱼场主要支出依次是人员工资、亲鱼、场地租金、电费，分别占总支出的 26.4%、23%、13.8%、10%。这说明，第一，高档锦鲤的生产是一个技术含量比较高的工作，需要付出较高的劳动报酬，聘用有技术有经验的人才，同时，该产业也是劳动相对密集的产业。第二，亲鱼支出是一个比较大的数额，但与鱼场建立初期相比，亲鱼支出已经大幅度下降了。高质量的亲鱼是产品质量的保证，生产优质锦鲤不但要有高质量的亲鱼，还要亲鱼的遗传基因优异，亲鱼本身不是近亲繁殖的，配对的雌雄锦鲤之间也不能是三代以内的血亲。所以，高档锦鲤生产场往往只用很少一部分自家鱼场出产的鱼做亲鱼，大部分亲鱼是从日本或其他鱼场购买的，并且是血统记载清楚的鱼。另外，雄性亲鱼最多只能用 2 季，雌性亲鱼总共最多繁殖 3 次就要淘汰，而且一般不连续 2 年用于繁殖。因此，高档锦鲤生产场往往需要蓄养每年使用量 3 倍以上的亲鱼，这是鱼场亲鱼成本较高的主要原因。第三，场地租金较高是因为该鱼场比较靠近城区，这样做的好处是养殖场和卖场在一起，销售比较方便，管理效率较高，如果养殖场在比较偏僻的地方，那么高档锦鲤生产商一定要在城区或者专业批发市场建立卖场，支出不一定能节省，但是养殖场需要扩大规模时，所受的限制以及租金的增幅都会比较小。

　　经营高档锦鲤并非一本万利的生意，本书所例举的鱼场也并非年年都大获丰收，有些年份曾因为鱼病控制不力而大量死鱼，并且使客户望而却步，造成入不敷出。亏损的鱼场比比皆是，破产的也不胜枚举，不可盲目跟风。对经营高档锦鲤有兴趣的人士，一定要预先了解这个领域的情况，以及自己是否有解决关键问题的能力。

　　高档锦鲤的经营，讲究天时地利人和。

　　天时，是一定时期内该产业的总体走势、机会与风险。总体走势主要是供求关系，供不应求或供需两旺都是好的走势，是比较好的切入时机；相反，供过于求或供需双低都是不适合切入的。但是，供不应求的好时机也不能只

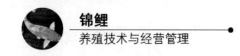

看机会不看风险，有些风险未必能预见到，比如 2005—2010 年前后爆发的锦鲤疱疹病毒病。在 2005 年之前没有人能预见到这一波疫情的灾难性影响，但是在这之后，哪怕是现在，疱疹病毒病已经几年没有灾难性爆发了，风险依然存在，一定要有防范、应对风险的准备。

地利，是指销售的便利。高档锦鲤经营的关键是销售，在网络销售非常发达的今天，很多商品都越来越多的利用网络销售渠道，锦鲤也可以进行网络销售。但是，网络销售还不能成为锦鲤销售的主渠道，这是因为目前国内的快递公司都不接受活鱼的业务，锦鲤的远程收发通常都是采用航空托运、收货人机场提货的方式，对于小批量购买的客户如此繁琐而且代价高昂的寄货方式显然不受欢迎。而且，锦鲤的质量从照片很难准确判断，价值几千上万的鱼以这样的方式决定取舍是大多数人不能接受的。总的来说，网络对于锦鲤销售来说，只能作为辅助手段，高档锦鲤主要的销售渠道是卖场，而卖场应该在锦鲤主要消费地区，同时卖场也不能远离养殖场。总的来说，高档锦鲤生产场应该临近主要消费区，当然经济较发达的中等城市，对高档锦鲤也有一定的容纳量。

人和，包含的内容最丰富，也最关键。人和不等于人气，不是你得到了多数支持，而是你拥有多少资源：资金、技术、人才。

经营高档锦鲤的启动资金至少要二三百万元，首先，光是卖场的设施投入就要近百万元，亲鱼至少要 50 万元（实际上，有实力的锦鲤场开办时仅购买亲鱼的投入往往达到数百万甚至过千万元），从开办到资金回笼这段时间（1 年算快的）的运行也需要近百万元的流动资金。除此之外，没有足够的资金的话，资金链断裂的风险是巨大的，一旦跌倒就可能爬不起来，所以，充分的资金保障是必需的。

技术，毫无疑问是经营高档锦鲤所必需的核心要素之一，养殖和经营高档锦鲤，技术要求绝不像养殖普通食用鱼那么简单，所需要的技术包括鉴赏、选鱼、配种、扬色、饲喂、水质调控、庭院景观鱼池设计、卖场管理、家庭养鱼服务，等等。

鉴赏对于普通人来说或许没有太高的要求，但是作为高档锦鲤经营者，鉴赏水平应该达到裁判级，否则连给鱼定价的能力都没有，谈何经营？而要达到高鉴赏水平，往往需要十几年甚至几十年的经验。当然，这些经验的获得往往是从业余爱好锦鲤的时候开始的，或者是从锦鲤养殖场的一线工人开始慢慢积累的。掌握锦鲤鉴赏的知识和经验并不是一件简单的事情，有些品种或许比较简单，比如茶鲤、红白，有些品种就难得多，比如昭和三色，有些层次的鉴赏鉴别或许容易掌握，比如仅仅是将某个品种的锦鲤分成 ABC 三级，但是在顶级的鱼中再辨别高下，就不是经验不足的人可以做到的。

再说选鱼技术，对高档锦鲤养殖场的经营业绩有直接的影响，选鱼技术不好的，对锦鲤的生长规律没有经验、没有预判能力，很可能把好的鱼淘汰掉，同时又留下相当比例没有前途的鱼，养殖场的效益必然受影响。锦鲤十多个品系，斑纹模样的变化趋势有不同的规律，鱼苗的挑选甚至比成鱼的鉴赏更需要经验和眼力。

配种的技术更加深奥莫测，很多有二三十年繁殖锦鲤经验的人也不能完全掌握，因为锦鲤的颜色是多基因控制的，而色斑的大小、形状、位置是如何遗传的，至今还没有在理论上研究清楚，不说斑纹诡异莫测的昭和三色，简单的红白品种，从来没有后代与父本或母本斑纹完全一样的。而且，如果雌雄亲鱼都是顶级的、比赛级的品质，它们的后代当中，未必会有一尾能达到同样的素质。相反，雌雄亲鱼斑纹模样不是顶级的，只要它们的体型、成长性方面的遗传素质优异，它们的后代当中却往往会有比亲本更出色的，这方面的规律很难把握。

至于扬色、饲喂、水质调控等技术，虽然相对于质量鉴别来说没有那么复杂，但是很多养殖高档锦鲤比较成功的鱼场，都会把它作为"独门绝技"、

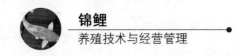

"不传之秘"。因为这些技术不仅对鱼场的产品质量、经济效益有很大的影响，而且这些技术往往需要因地制宜，不能完全照搬别人的做法，更要明白其原理，然后根据自身条件摸索适合自己的技术措施。

人才，当然也是经营高档锦鲤所必需的核心要素之一，甚至可以说是最重要的。鱼场经营者自己当然必须是个人才，必须是一个有恒心有胆识的人才；其次，人才是技术的载体，没有技术人才就没有技术可言。养殖业不同于工业，工业生产中除非创造性的研发，一般的生产过程可以用标准、操作规范的实施而保证生产的数量和质量；而养殖业的技术操作，很难实行标准化，往往需要个人的技术和经验，因此人才尤为重要。